# Airedale Terrier Pflege

## Pflege, Ernährung und häufige Krankheiten rund um Deinen Airedale Terrier

Ein Ratgeber für Airedale Terrier-Halter



**Expertengruppe Verlag**

Die Inhalte dieses Buches wurden mit größter Sorgfalt erstellt. Für die Richtigkeit, Vollständigkeit und Aktualität der Inhalte kann jedoch keine Gewähr übernommen werden. Der Inhalt des Buches repräsentiert die persönliche Erfahrung und Meinung des Autors. Es wird keine juristische Verantwortung oder Haftung für Schäden übernommen, die durch kontraproduktive Ausübung oder durch Fehler des Lesers entstehen. Es kann auch keine Garantie auf Erfolg übernommen werden. Der Autor übernimmt daher keine Verantwortung für das Nicht-Gelingen der im Buch beschriebenen Methoden.

Sämtliche hier dargestellten Inhalte dienen somit ausschließlich der neutralen Information. Sie stellen keinerlei Empfehlung oder Bewerbung der beschriebenen oder erwähnten Methoden dar. Dieses Buch erhebt weder einen Anspruch auf Vollständigkeit, noch kann die Aktualität und Richtigkeit der hier dargebotenen Informationen garantiert werden. Dieses Buch ersetzt keinesfalls die fachliche Beratung und Betreuung durch eine Hundeschule. Der Autor und die Herausgeber übernehmen keine Haftung für Unannehmlichkeiten oder Schäden, die sich aus der Anwendung der hier dargestellten Information ergeben.

# Airedale Terrier

# Pflege

**Pflege, Ernährung und häufige Krankheiten rund um Deinen Airedale Terrier**

Ein Ratgeber für Airedale Terrier-Halter

Expertengruppe Verlag

# INHALTSVERZEICHNIS

# ÜBER DIE AUTORIN

Claudia Kaiser lebt zusammen mit Ihrem Mann und Ihren beiden Hunden Danny (2 Jahre) und Daika (8 Jahre) auf einem alten Gehöft im schönen Rheinland.

Zunächst nur als Hundehalter und nun schon seit über 20 Jahren in der aktiven Hundeausbildung hat sie viele Erfahrungen gesammelt und viele Hundebesitzer auf ihrem Weg in der Airedale Terrier-Erziehung begleitet. Um diese Erfahrungen nicht mehr nur an einen kleinen Kreis von Hundebesitzern in persönlichen Coachings oder der örtlichen Hundeschule weitergeben zu können, entstand die Idee zu diesen Büchern.

Nach langer Recherche-, Schreib- und Korrekturarbeit kam schlussendlich dieser Ratgeber dabei heraus. Er soll jedem Airedale Terrier-Besitzer einen Leitfaden an die Hand geben, um auch bei einem ausgewachsenen Hund noch Lust und Spaß am Hundetraining zu wecken. Denn jeder Airedale Terrier ist es wert, nicht nur zu Beginn intensiv betreut zu werden, sondern sein ganzes Leben lang.

Wer sich an die Tipps und Hinweise in diesem Ratgeber hält, der kann sich sicher sein, dass er viele Jahre lang Freude an einem außergewöhnlich tollen Begleiter haben wird.

# VORWORT

Herzlichen Glückwunsch! Du hast das große Glück, Dein Leben mit einem Airedale Terrier zu teilen oder Du stehst kurz davor, diese Erfahrung zu machen. Mit dieser tollen und unvergleichlichen Rasse wirst Du noch viel Freude erleben und Dein neuer vierbeiniger Freund wird aus Deinem Leben gar nicht mehr wegzudenken sein.

Es ist wissenschaftlich bewiesen, dass die Haltung von Hunden eine positive Wirkung auf uns Menschen hat. Du wirst es selbst wissen, denn fängst Du nicht auch automatisch an zu strahlen und Dich zu freuen, wenn Dich Dein Airedale Terrier morgens oder nach der Arbeit schwanzwedelnd begrüßt? Kannst Du nicht auch richtig gut entspannen, wenn Dein Hund glücklich schnarchend neben Dir vor der Couch liegt, während Du Dir einen Film anschaust?

Hunde sind wahre Stresskiller für uns Menschen. Ihre ehrliche Liebe uns gegenüber sorgt dafür, dass wir uns besser und glücklicher fühlen. Ganz abgesehen von dem positiven Effekt, dass jeder Hundehalter mehrmals täglich an die frische Luft muss und sich im

Idealfall auch deutlich mehr bewegt, als Nicht-Hundehalter. Selbst chronisch Kranke haben bestätigt, dass sie sich durch Hunde besser fühlen. Dein vierbeiniger Freund ist also ein echter Bonus für Deine Gesundheit.

Und genau deshalb ist es wichtig, dass Du auch auf die Gesundheit Deines Airedale Terriers achtest. Nicht umsonst heißt es „Ist der Hund gesund, freut sich der Mensch“. Dass Du Dich darum kümmerst, ist umso wichtiger, weil es Dein Hund häufig selbst nicht kann.

Viele Hunderassen sind heute leider überzüchtet, sodass es zu Erkrankungen und Problemen kommt, die unvorbereitete Halter überfordern. Daher empfehle ich Dir an dieser Stelle nochmal ausdrücklich: Augen auf beim Hundekauf!

Schaue Dir die Elterntiere wenn möglich genau an und frage den Züchter über Krankheiten in der bisherigen Zucht aus. Sollte der Welpe schon beim Kauf vorbelastet sein, wirst Du wahrscheinlich auch später viele krankheitsbedingte Probleme mit ihm haben. Wenn Du das vermeiden möchtest, solltest Du beim Kauf unbedingt darauf achten und gegebenenfalls einen Tierarzt zu Rate ziehen.

Neben den zuchtbedingten Problemen stellen aber auch viele moderne Abläufe und Entwicklungen unsere Hunde vor Herausforderungen, die ihre Wolfsvorfahren in dieser Form nicht kannten. Daher ist es häufig nötig, bestimmte vorbeugende Maßnahmen zu ergreifen, bei denen ein Nicht-Hundekenner nur mit dem Kopf schüttelt und mit dem typischen Argument, „ein Wolf braucht das aber nicht" ankommt.

Wenn Dir jemand so etwas sagt, kann ich Dir nur empfehlen, es zu ignorieren. Dir geht es schließlich um das Wohl Deines Hundes.

Mit diesem Ratgeber möchte ich Dir das nötige Wissen und die Sicherheit an die Hand geben, damit Du die Gesundheit Deines Airedale Terriers jederzeit im Blick hast und darüber hinaus weißt, wie Du zu reagieren hast, wenn mal etwas nicht stimmt.

Denn wahrscheinlich geht es Dir in diesem Fall ähnlich wie mir früher: Ich leide förmlich mit und möchte alles in meiner Macht stehende unternehmen, um ihr die Schmerzen zu nehmen, aber ich wusste leider überhaupt nicht, was ich machen sollte.

Natürlich lässt sich nicht gänzlich vermeiden – auch nicht mit diesem Ratgeber – dass Dein Hund krank wird. Was Du aber hiermit erreichen kannst, ist, dass durch Vorbeugung manche Probleme entweder gar nicht auftreten oder frühzeitig erkannt werden.

Abschließend ist es mir wichtig zu betonen, dass Du in diesem Ratgeber ausschließlich Tipps und Empfehlungen erhältst, die ich aus eigener Erfahrung gesammelt habe und die im Hundetraining allgemein anerkannt sind. Dieser Ratgeber kann einen Besuch beim Tierarzt nicht ersetzen. Er dient dazu, Dir Wissen zu vermitteln und Handlungsempfehlungen auszusprechen. Sollte Dein Airedale Terrier akute oder lang anhaltene Probleme haben, solltest Du unbedingt mit ihr zum Arzt gehen!

Ich wünsche Dir und Deinem Airedale Terrier für die Zukunft alles Gute und vor allen Dingen viel Gesundheit!

- Kapitel 1 -

# WAS DU ÜBER DEINEN AIREDALE TERRIER WISSEN MUSST

Wusstest Du, dass es laut der Weltorganisation der Kynologe (FCI) nach heutigem Stand offiziell über 350 verschiedene anerkannte Hunderassen gibt?

Dein Airedale Terrier ist damit nur eine Rasse unter vielen. Natürlich trifft auf die meisten Rassen vieles zu, was auch für andere gilt. Schließlich stammt jeder Hund in irgendeiner Form von seinem Urahn, dem Wolf, ab. Manchen siehst Du es jedoch mehr an, als anderen.

Damit Du genau weißt, auf was Du Dich mit Deinem Airedale Terrier eingelassen hast, möchte ich dieses Kapitel nutzen, um Dir einen kurzen Überblick über diese faszinierende Rasse zu verschaffen.

Denn mit dem Airedale hast Dir den „König der Terrier", wie er häufig genannt wird, als neuen Begleiter auserkoren. Und diese Bezeichnung trägt er nicht zu Unrecht. Mit seiner Widerristhöhe von bis zu

61 cm bildet er schließlich die größte Terrierrasse. Außerdem zeichnet er sich dadurch aus, dass er die Robustheit und Selbstständigkeit eines Terriers mitbringt und darüber hinaus auch äußerst kooperativ und loyal gegenüber seinen Haltern ist. Häufig wird er auch als Hund für alle Lebenslagen bezeichnet.

Erstmals gezüchtet wurde er Mitte des 19. Jahrhunderts in der Grafschaft Yorkshire in England. Dabei wurden wahrscheinlich andere Terrierrassen mit dem deutlich größeren Otterhund gekreuzt. Eine spätere Einkreuzung von Gorden Settern und Schottischen Schäferhunden wird ebenfalls nicht ausgeschlossen. Durch seinen robusten Körperbau, seine charakterliche Zuverlässigkeit und seine vielseitige Beschäftigungsmöglichkeit als Arbeits-, Gebrauchs- und Diensthund führte schnell dazu, dass diese Nachkommen der ersten Züchtung rasch an Beliebtheit dazugewannen. Und das zu Recht. Bis heute zählt der Airedale Terrier zu den beliebtesten Hunderassen.

Die Herkunft seines Namens ist übrigens nicht vollständig sicher. Es wird jedoch vermutet, dass er entweder von seiner Herkunft aus dem Aire River Valley in Yorkshire oder von seiner Erstvorstellung auf dem Airedale Festival abzuleiten ist. Seit dieser Präsentation hat er sich fest als Hunderasse etabliert, wobei er zunächst vornehmlich als Jagdhund zum Einsatz kam. Dies änderte sich im zweiten Weltkrieg, bei dem er die Soldaten in den Kampf begleitete. Heute wird er zwar auch noch als Jagdhund eingesetzt, ist aber meist nur noch als Familienhund im „Einsatz".

Der Airedale Terrier zeichnet sich vor allem durch sein Selbstbewusstsein, seine Anhänglichkeit und seine Verspieltheit aus. Einem Abenteuer ist er niemals abgeneigt, er ist wachsam, selbstständig und mutig. Die Loyalität gegenüber seinen menschlichen Bezugspersonen geht sogar so weit, dass er sie im Notfall mit seinem Leben verteidigen würde. Da er – wie die meisten Terrier – einen starken Jagdtrieb aufweist, ist ein friedliches Zusammenleben mit Katzen oder anderen Kleintieren eher als schwierig anzusehen. Es ist zwar möglich, ihm beizubringen, die anderen Haustiere zu akzeptieren, er sollte aber niemals mit ihnen alleine gelassen werden.

Mit Kindern versteht er sich meist hervorragend. Wichtig ist – wie bei fast allen anderen Hunden auch – dass sowohl der Hund als auch die Kinder gut sozialisiert sind. Durch seine Größe und sein Gewicht sollte er mit Kleinkindern jedoch ebenfalls nicht alleine gelassen werden. Sein enormer Spieltrieb und seine Bereitschaft zu allem Schabernack, die beide meist bis ins hohe Alter erhalten bleiben, machen ihm zum idealen Spielgefährten.

Wichtig für Dich als Halter ist zu wissen, dass Du Dir einen hochintelligenten Hund ausgesucht hast, der von seiner neuen Familie beschäftigt und gefördert werden muss. Einfaches Spazierengehen wird insbesondere in den ersten Lebensjahren nicht ausreichen, um Deinen neuen vierbeinigen Freund auszulasten. Wenn Du Dich für einen Airedale Terrier entscheidest, musst Du Dir im Klaren sein, dass Du Dich jeden Tag ausreichend mit ihm beschäftigen und trainieren musst. Dein Hund wird es Dir danken und eure Verbindung wird durch die intensive Beschäftigung miteinander noch inniger werden.

Der durchschnittliche Airedale Terrier wiegt 18 bis 29 Kilogramm. Das Fell ist am Nacken und an der Oberseite sattel schwarz bis gräulich und am restlichen Körper lohfarben. Das Deckhaar ist drahtig und hart und ist leicht gewellt oder kräuselt sich. Es muss drei- bis viermal im Jahr getrimmt werden, ansonsten ist es aber recht pflegeleicht und verliert wenig Haare.

Durch ihre Intelligenz und ihr starkes Selbstbewusstsein können Airedale Terrier schon mal sehr eigenwillig sein. Genau deshalb ist eine konsequente Erziehung, wie Du sie in diesem Buch erlernen wirst, von Anfang an ratsam. Fehlt diese, kann es schnell dazu führen, dass der König der Terrier auch Dich und Deine Familie königlich dominiert.

Du merkst, was für eine tolle Rasse Du Dir ausgesucht hast! Auf der nachfolgenden Seite findest Du ergänzend noch ein Rassenkurzportrait, das den gültigen Standard des FCI wiedergibt.

Zwar reichen diese Seiten noch nicht aus, um diese großartige Rasse in ihrer Gänze wiederzugeben, aber ich hoffe, dass ich Dir ein Bild davon zeichnen konnte, was Deinen Airedale Terrier wirklich ausmacht. Natürlich gibt es bei jeder Rasse Exemplare, die dieser Beschreibung nicht vollkommen entsprechen und manche Merkmale deutlich stärker oder eben schwächer ausgeprägt haben. Im Groben und Ganzen sollte es Dir jedoch möglich sein, Deinen Airedale Terrier in dieser Beschreibung wiederzuerkennen.[1]

[1] Möchtest Du zusätzlich noch etwas über die Erziehung und über das Training Deines Airedale Terriers erfahren, empfehle ich Dir die ersten beiden Bücher dieser Reihe. Genaue Informationen zu den beiden Büchern findest Du am Ende dieses Buches.

**Rassenkurzportrait gemäß FCI:**

| | |
|---|---|
| **Herkunftsland** | Großbritannien |
| **Charakter** | Offen, vertrauensvoll, freundlich, couragiert, intelligent, stets wachsam, furchtlos, selten aggressiv |
| **Widerristhöhe** | Rüden: 58 - 61 cm<br>Hündinnen: 56 - 59 cm |
| **Gewicht** | 18 – 29 kg |
| **Allgemeines Erscheinungsbild** | Größte Terrierrasse, muskulös und ziemlich kompakt |
| **Augen** | Klein, nicht hervortretend, von dunkler Farbe, voller „Terrierausdruck" |
| **Ohren** | Klein, gefaltet, v-förmig, seitlich getragen |
| **Fell und Farbe** | Deckhaar: Hart, drahtig, dicht, straff, nicht so lang, dass es struppig wirkt, es kräuselt sich oder ist leicht gewellt<br>Unterwolle: Kürzer und weicher als das Deckhaar, ebenfalls dicht<br>Farbe: Sattel schwarz oder gräulich an Nacken und Oberseite, restlicher Körper lohfarben |

| | |
|---|---|
| **FCI-Klassifikation** | Gruppe 3: Terrier<br>Sektion 1: Hochläufige Terrier |
| **Verwendung** | Terrier |

## - Kapitel 2 -

# GRUNDLAGEN DER ERNÄHRUNG

In diesem Kapitel erfährst Du zunächst, worauf es bei der Fütterung Deines Hundes im Allgemeinen ankommt. Ich erläutere zunächst einige Regeln, die die Fütterung an sich betreffen und gehe anschließend auf die einzelnen Ernährungsformen wie Fertigfutter, BARF, selbstgekochtes Essen, Vegetarismus und Veganismus ein. Darauf aufbauend besprechen wir, was Du bei Deinem Airedale Terrier im Bezug auf seine Ernährung besonders zu beachten hast.

Anschließend widmen wir uns kurz einem Thema, das von vielen vollkommen unterschätzt wird: Dem Wasserbedarf Deines Airedale Terriers. Viel zu häufig kommt es vor, dass Halter es versäumen, ihrem Hund ausreichend Flüssigkeiten zur Verfügung zu stellen. Deshalb erhältst Du von mir auch Tipps, wie Du Deinen Hund zum Trinken animierst.

# GRUNDREGELN ZUR FÜTTERUNG

Es mag zwar im ersten Moment überraschend klingen, doch bei der Fütterung kommt es nicht nur darauf an, was Du fütterst, sondern auch wie. Genau aus diesem Grund erfährst Du in diesem Kapitel, wie die Fütterung Deines Airedale Terriers ablaufen sollte. Es gibt viele Details, die Hundehalter nicht kennen und dadurch automatisch der Gesundheit ihres Hundes schaden können oder aber die Erziehung deutlich erschweren.

Wichtig ist mir, an dieser Stelle erneut zu betonen, dass diese Tipps auf meiner eigenen Ausbildung und Erfahrung, einer ausgiebigen Recherche und vielen Gesprächen mit anderen Hundetrainern basieren. Solltest Du Dir Sorgen machen, bitte ich Dich, die Umsetzung vorab mit Deinem Tierarzt zu besprechen.

Eine der häufigsten Fragen, die mir von Hundehaltern gestellt wird und die sehr intensiv diskutiert wird, ist die Frage, wie oft Dein Airedale Terrier eigentlich gefüttert werden soll. Meine erste Antwort darauf lautet stets: Es kommt drauf an!

Doch worauf?

Da ist beispielsweise das Alter des Hundes. Ein Welpe wird am Anfang sechsmal täglich gefüttert, wobei die Anzahl sukzessive verringert wird. Ich empfehle Dir, Deinen ausgewachsenen Airedale Terrier zweimal täglich zu füttern. Dabei spielt natürlich der Tagesablauf von Dir und auch die Gesundheit Deines Hundes eine Rolle. Bei gesunden Hunden sollte auch die einmalige Fütterung kein Problem darstellen.

Du brauchst dabei keine Bedenken zu haben, dass Dein Hund hungern wird. Bitte begehe nicht den Fehler, ihn mit uns Menschen zu vergleichen. Ein Hund benötigt nicht mehrmals täglich eine Mahlzeit. Einmal täglich reicht vollkommen aus. Das heißt natürlich nicht, dass Du ihm zwischendurch keine Leckerchen geben darfst. Ganz im Gegenteil, für das tägliche Training solltest Du natürlich weiterhin Leckerchen verwenden. Denke aber bitte daran, die Leckerchenmenge, die Du am Tag verwendest, in die gesamte Futtermenge miteinzubeziehen. Verfütterst Du viele Leckerchen, reduzierst Du die Menge der Hauptmahlzeit und umgekehrt. Ansonsten läuft Dein Airedale Terrier Gefahr, mehr Pfunde anzusetzen, als gut für ihn ist.

Fühlst Du Dich mit der ein- bis zweimaligen Fütterung zu unwohl, kannst Du Deinen Airedale Terrier natürlich öfters füttern – auch wenn es an sich nicht notwendig ist. Die Futtermenge soll sich dadurch aber nicht verändern.

Darüber hinaus ist es gerade bei einem typischen Arbeitshund wie Deinem Airedale Terrier nicht unüblich, dass in der Woche ein regelmäßiger Fastentag eingelegt wird. Dies entspricht dem Futterverhalten seiner Vorfahren und sorgt dafür, dass überflüssige Reserven aufgebraucht werden. Ich selbst wende es bei meinen Hunden ebenfalls an. Denke darüber nach!

Ein weiterer Tipp, den ich für Dich habe, ist die Fütterung als indirekte Rangeinweisung zu nutzen. Was meine ich damit? Nicht nur bei Wölfen sondern in jedem Hunderudel gibt es ganz bestimmte Regeln und Abläufe, die Kennern genau zeigen, in welcher Rangposition sich der einzelne Hund befindet. Diese Feinheiten zu kennen, wird die Erziehung Deines Airedale Terriers um ein Vielfaches erleichtern.

Gebe Deinem Hund daher immer als letztes das Essen. Alle anderen „Rudelmitglieder“ sollten schon fertig gegessen haben, wenn Dein Hund seine Portion erhält.

Zusätzlich ist es wichtig, dass Dein Airedale Terrier nicht sofort loslegt, sondern auf Dein Kommando wartet. Am besten platzierst Du ihn vorab in der Sitzposition, stellst den Napf in aller Ruhe ab wartest ein paar Sekunden (oder später auch gerne mal etwas länger), bis Du ihm das Kommando »Essen« gibst.[2]

Es mag zwar für viele unverständlich wirken, aber durch diese beiden indirekten Rangeinweisungen wirst Du im Rangverständnis Deines Hundes deutlich aufsteigen. Außerdem vermeidest Du dadurch, dass Dein Airedale Terrier sein Essen vor Dir verteidigt. Nur allzuoft kommt es vor, dass Halter von ihrem Hund angeknurrt werden, wenn sie es wagen, sich dem noch vollen Napf zu nähern. Das umgehst Du, indem Du ihm durch diese Übung jeden Tag vermittelst, dass Du der Herr (oder das Frauchen) über sein Futter bist.

---

[2] Wie genau Du dieses Kommando und noch viele weitere trainierst, kannst Du in meinem Ratgeber „Airedale Terrier Erziehung – Hundeerziehung für Deinen Airedale Terrier Welpen“ nachlesen. Am Ende des Buches findest Du noch mehr Informationen hierzu.

Ein weiterer wichtiger und unterschätzter Aspekt bei der Fütterung ist der Ort. Manche Halter gehen leider davon aus, dass ihr Hund an abgeschiedenen und ruhigen Orten sein Fressen erhalten soll, wo er auf keinen Fall gestört wird. Natürlich ist es wichtig, dass Dein Airedale Terrier beim Fressen seine Ruhe hat. Kinder sollten ihn zu dieser Zeit nicht bedrängen und zum Spielen auffordern. Allerdings fressen Wölfe niemals völlig allein. Sie sind immer in Blick- und Rufweite ihres Rudels. Wähle für Deinen Airedale Terrier daher einen Platz aus, an dem er zwar ungestört fressen kann, aber immer noch ins Geschehen integriert ist. So bekommt er alles mit, er lernt aber gleichzeitig auch, dass es in Ordnung ist, wenn sich ihm Menschen nähern und an ihm vorbei gehen, wenn er frisst. So überraschend das klingen mag, aber Hunde, die gewohnt sind, immer alleine zu Essen, können überaus aggressiv reagieren, wenn sich ihnen plötzlich Menschen nähern. Vermeide dies von Anfang an, indem Du meinem Tipp folgst.

Hat Dein Hund fertig gegessen, empfehle ich Dir, den Napf sofort wegzustellen – und zwar unabhängig davon, ob noch etwas drin ist oder nicht. Wieso ist dieser Tipp so hilfreich? Zum einen gewöhnst Du Deinen Hund daran, alles auf einmal leer zu essen, was sehr nützlich ist, wenn es mal schnell gehen soll. Zum anderen lernt Dein Hund auch hier wieder eine indirekte Rangeinweisung. Denn Du vermittelst ihm damit: Gegessen wird nur, wenn Du (als Rudelführer) es bestimmst. Lässt Du den Napf stehen und erlaubst Deinem Hund damit zu essen, wann er es für richtig hält, untergräbst Du damit Deine eigene Position.

Direkt im Anschluss an die Fütterung empfehle ich Dir, eine Ruhepause einzuhalten. Dein Airedale Terrier sollte mindestens eine Stunde nach der Essensgabe nicht schnell laufen oder springen. Ein ruhiger Spaziergang, bei dem sie sich erleichtern kann, ist natürlich unbedenklich. Hüpfen, Springen und Laufen sollte sie dabei aber unbedingt unterlassen. Wieso? Der Magen Deines Hundes ist nach der Fütterung verständlicherweise sehr voll, kommen plötzliche Bewegungen dazu, kann dies zu einer Magendrehung führen, die in 15 bis 45 Prozent der Fälle tödlich verläuft. Was genau eine Magendrehung ist, wie Du sie erkennst und was zu tun ist, erfährst Du in Kapitel 4 – Häufige Krankheiten.

Abschließend rate ich Dir, nicht zu häufig das Futter Deines Hundes umzustellen. Jede Umstellung kann zu

Magen-Darm-Beschwerden führen. Zu einer Umstellung gehört nicht nur, von Trockenfutter auf Nassfutter zu wechseln, sondern auch schon ein Wechsel der Marke oder Futterart. Ein Wechsel der Geschmacksrichtung derselben Marke stellt jedoch meist kein Problem dar. Mache Dir aber auch hier keine Gedanken, dass es Deinem Hund langweilig werden könnte, jeden Tag das Gleiche zu Essen. Das wird es nicht! Für ihn ist es viel anstrengender, wenn er sich ständig an neues Futter gewöhnen muss. Eine Umstellung sollte auch immer nur schrittweise erfolgen, sprich Du startest ganz langsam und ersetzt nur einen geringen Teil des alten Futters durch das neue. Die Menge kannst Du langsam steigern, bis Du nach circa 3 bis 4 Wochen das Futter komplett ersetzt hast.

Sollte Dein Airedale Terrier ein schlechter Esser sein, empfehle ich Dir, die Temperatur des Essens zu überprüfen. Ist das Nassfutter beispielsweise zu kalt, weil Du es gerade aus dem Kühlschrank genommen hast oder ist das Trockenfutter mit kaltem Wasser aufgefüllt, ist es vielen Hunden zu unangenehm zu essen. Achte immer darauf, dass die angebotene Nahrung Zimmertemperatur hat. Bei Trockenfutter empfiehlt es sich außerdem, dieses für mindestens 10

Minuten einweichen zu lassen, da es dann noch zusätzliche Aromen entfaltet und nicht mehr so schwer zu essen ist.

Auf der nachfolgenden Seite habe ich Dir die wichtigsten Punkte, die Du bei der Fütterung Deines Airedale Terriers zu beachten hast, noch einmal zusammengefasst.

**Checkliste Fütterungsregeln:**

- ☐ 1 bis 2 Fütterungen am Tag reichen vollkommen aus.
- ☐ Dein Airedale Terrier erhält als letzter in der Familie sein Futter.
- ☐ Vor der Fütterung soll sich Dein Airedale Terrier hinsetzen und darf erst auf Dein Kommando hin mit dem Essen beginnen.
- ☐ Während der Fütterung sollte Dein Hund nicht gestört werden, er sollte aber auch nicht dauerhaft außer Sichtweite sein.
- ☐ Stelle den Napf nach der Fütterung weg – egal ob sich noch etwas darin befindet.
- ☐ Halte die Ruhephase nach der Fütterung ein (mindestens 1 Stunde).
- ☐ Wechsle nicht unnötig die Futtermarke oder -sorte. Wenn ein Wechsel notwendig wird, solltest Du ihn langsam durchführen.
- ☐ Achte auf die Temperatur des Futters – zu kaltes Essen ist für viele Hunde unangenehm.

# WENN DEIN AIREDALE TERRIER ENTSCHEIDEN KÖNNTE

Ich habe in diesem Buch bereits mehrfach erwähnt, dass Dein Airedale Terrier vom Wolf abstammt. Diese Abstammung zu kennen, ist für Dich überaus wichtig, um zu verstehen, was bei der Hundeernährung wichtig ist und um die Umsetzung konsequent einzuhalten. Denn als direkter Nachfahre vom Wolf unterscheidet sich der heutige Haushund genetisch nur um 0,1 bis 0,3 Prozent von seinem Vorfahren! Hättest Du das gedacht?

Was bedeutet das für Dich?

Der Wolf an sich frisst fast ausschließlich unverarbeitetes Fleisch (inklusive Innereien, Knochen, Fell etc.) und nur ab und an oder notgedrungen pflanzliche Kost. Sein Gebiss ist darauf ausgelegt, Fleisch zu reißen und es grob zu zerteilen. Ein Zermahlen von Essen (beispielsweise auf Getreidebasis) ist bei seinem Gebiss nicht vorgesehen und dasselbe gilt auch für den typischen Haushund von heute.

Schaue Dir das Gebiss Deines Airedale Terriers einmal genau an! Es unterscheidet sich deutlich von Deinem eigenen, das weniger aufs Reißen und mehr aufs Zermahlen und Kauen ausgerichtet ist. Deinen Hund wirst Du jedoch kaum einmal kauend oder mahlend vorfinden. Viel eher schlingt er die zerkleinerten Nahrungsstücke regelrecht herunter – ohne dabei auch nur ans Kauen zu denken.

Wenn Du Deinen Airedale Terrier daher fragen würdest, würde er instinktiv (und genetisch bedingt) unverarbeitetes Fleisch wählen, das er noch zerteilen kann – gerne auch mit Knochen, Fell und Innereien. Das ist gerade auch bei einem typischen Arbeitshund/ wie Deinem Airedale Terrier der Fall.

Airedale Terriern macht es regelrecht Spaß, sich länger mit ihrem Essen zu beschäftigen. Das Zerteilen eines Fleischstückes oder das Abnagen eines Knochens ist ihnen eine wahre Freude und wird nicht als lästig angesehen, wie wir Menschen es vielleicht vermuten würden.

Allerdings ist beim heutigen Haushund nicht mehr alles wie beim Wolf. Da dieser nicht vorhersehen kann, wann er das nächste Mal etwas erbeutet, verfügt der Wolf über einen Magen, der sich extrem weit auszudehnen vermag. Ein ausgewachsener Wolf kann dadurch bis zu 3 kg Nahrung auf einmal aufnehmen. Im Vergleich entspräche dies fast 16 kg bei einem durchschnittlichen Mann von 80 kg Gewicht! Diese Eigenschaft ist den meisten Haushunden bis heute abhandengekommen. Allerdings neigen viele Hunde dazu, so viel zu fressen wie sie nur können. Gibst Du Deinem Airedale Terrier so viel Fressen, wie er möchte, wird er unweigerlich dick werden. Daher ist es Deine Aufgabe, ihm nur so viel Fressen zu geben, wie er auch tatsächlich benötigt.

Der klassische Haushund von heute ist durch die Jahrhunderte des Zusammenlebens mit uns zu einem Allesfresser geworden, der sich allerdings immer noch vorwiegend über fleischliche Kost ernähren sollte. Die Nährstoffe, die ein heutiger Haushund benötigt, unterscheiden sich durchaus von denen eines Wolfes, was mehrere Studien belegen. Da über die Jahrhunderte des Zusammenlebens mit dem Menschen ein gewisser Anteil an pflanzlicher Nahrung dazukam, ist auch die Fütterung von Trockenfutter oder selbstgekochtem Essen für einen Hund (im Gegensatz zum Wolf) nicht bedenklich. Der Hund hat sich also nicht nur von seinem Verhalten, sondern auch von seinen Essgewohnheiten her an ein Zusammenleben mit uns eingestellt. Aus diesem Grund ist die Aussage, dass ein Hund genau das gleiche essen soll wie seine Wolfsvorfahren, nicht ganz korrekt.

Was genau alles in den Napf kommen darf, erfährst Du im nächsten Kapitel.

# WAS KOMMT IN DEN NAPF?

Über die richtige Ernährung des heutigen Haushundes gibt es viele verschiedene Meinungen und immer wieder hitzige Diskussionen. Von jeder möglichen Ernährungsform gibt es lautstarke Vertreter, die Widerspruch und andere Meinungen nicht zu lassen wollen.

Jürgen Zentek – Direktor des Instituts für Tierernährung in Berlin – hat zu dieser Frage eine klare Meinung:

> „Ob der Hund bekocht wird, barft, also nur rohes Fleisch und Gemüse zu sich nimmt, oder Trockenfutter vorgesetzt bekommt, ist im Grunde egal.“

Eine Aussage, die viele Tierhalter überraschen dürfte. Denn laut Herrn Zentek kommt es nicht darauf an, nach welcher Methode der Hund ernährt wird, sondern dass der Energie- und Nährstoffbedarf abgedeckt wird und dass der Hund genügend Mineralstoffe, Spurenelemente und Vitamine aufnimmt. Wie er das macht, ist dabei vollkommen egal.

Auf den nächsten Seiten stelle ich Dir aus diesem Grund die gängigsten Ernährungsmethoden einmal vor. Bei diesen handelt es sich um Fertigfutter, BARF und selbstgekochtes Essen. Auch das Thema Vegetarismus und Veganismus werden wir kurz besprechen.

Du erfährst bei allen Fütterungsmethoden, was dafür- und was dagegen spricht und was Du bei der Anwendung besonders zu beachten hast.

Im letzten Unterkapitel gehen wir spezifisch darauf ein, was bei der Ernährung Deines Airedale Terriers im Vergleich zu anderen Rassen besonders zu beachten ist.

FERTIGFUTTER

Obwohl Fertigfutter häufig verschrien und verteufelt wird, lehne ich mich wohl kaum aus dem Fenster, wenn ich behaupte, dass es heutzutage die gängigste Ernährungsform für den typischen Haushund ist. Allein in Deutschland wurden im Jahr 2018 für Trockenfutter 435 Mio. Euro ausgegeben. Übertroffen wird dies nur noch von den Ausgaben für Nassfutter in Höhe von 473 Mio. Euro und Snacks im Wert von 538 Mio. Euro, die beide ebenfalls zur Sorte Fertigfutter gehören. Insgesamt gingen damit Waren im Gesamtwert von über 1,4 Mrd. Euro über die Warentheke.

Die enorme Beliebtheit von Fertigfutter lässt sich an vielen Punkten festmachen:

- Es ist überall verfügbar.
- Es ist einfach in der Aufbewahrung und schnell in der Zubereitung.
- Es ist unkompliziert in der Mengenberechnung.
- Die Herstellung wird gesetzlich stark überwacht und entspricht den höchsten Standards.

- Experten auf dem Gebiet haben die richtige Zusammensetzung an Vitaminen, Mineralstoffen und Spurenelementen berechnet, sodass keine Unter- oder Überversorgung auftritt.

Kurz gesagt: Fertigfutter ist praktisch! Der Halter muss sich um kaum etwas kümmern. Doch kaum einer weiß, dass wir beim Fertigfutter in der Regel drei verschieden Kategorien unterscheiden:

- Einzelfuttermittel: Hier besteht das Futter aus einer einzelnen Komponente und ist nicht für die alleinige Fütterung bestimmt. Ein Beispiel ist die nicht mineralisierte Fleischdose.

- Ergänzungsfuttermittel: Hier besteht das Futter aus mindestens zwei Komponenten, aber auch diese reichen nicht aus, um den Hund mit allen Nährstoffen zu versorgen. Ein Beispiel hierfür sind Hundekekse oder eine nicht mineralisierte Fleischdose mit Gemüse. Mit etwas Erfahrung können Halter aus Einzel- und Ergänzungsfuttermittel eine ausgewogene Ernährung für ihren Hund sicherstellen.

- Alleinfuttermittel: Wie der Name vermuten lässt, reicht dieses Futtermittel alleine aus, um den Nährstoffbedarf des Hundes zu decken.

Doch leider gibt es auch bei den Herstellern für Fertigfutter einige, die die gesetzlichen Spielräume stark zu ihrem eigenen Gunsten ausnutzen und bei denen nicht immer das Wohl des Hundes, sondern der Unternehmensprofit an erster Stelle steht.

Wenn Du Dich für Fertigfutter entscheidest, ist es wichtig, dass Du genau überprüfst, ob es sich dabei um „gutes" Fertigfutter handelt. Wie genau das geht, erkläre ich Dir jetzt. Nimm am besten eine Packung Deines aktuellen Futters zur Hand, dann kannst Du direkt kontrollieren, wie gut Dein derzeitiges Futter ist.

Überprüfe als erstes, welche Futtermittelart vorliegt. Handelt es sich um Einzel-, Ergänzungs- oder Alleinfuttermittel? Solltest Du bisher ausschließlich Einzel- oder Ergänzungsfuttermittel verwendet haben, kann es sein, dass Dein Airedale Terrier nicht mit allen nötigen Nährstoffen versorgt wurde.

Als nächstes überprüfen wir die Liste der Inhaltsstoffe. Interessanterweise müssen bei Hundefutter die

Zutaten rechtlich nicht schriftlich festgehalten werden. Sind die Zutaten bei Deinem Futter nicht offen und klar deklariert, kann (muss aber nicht) dies ein Indiz dafür sein, dass nicht unbedingt die besten Inhaltsstoffe verarbeitet wurden. Überdenke daher Deine Futterwahl. Willst Du nicht auch genau wissen, was im Napf Deines Tieres landet? Und warum sollte der Hersteller die Komponenten nicht preisgeben wollen?

Häufig verwenden Hersteller Beschreibungen wie „Huhngeschmack“ auf der Verpackung. Hast Du Dich auch schon mal gefragt, wie viel „Huhn“ in diesem Fall wirklich im Futter vorhanden sein muss? Ich gebe Dir einen kurzen Überblick:

- „Mit Huhngeschmack“: In diesem Fall muss mehr als 0 % aber weniger als 4 % Huhn im Futter enthalten sein.
- „Reich an Huhn“, „extra Huhn“, „mit extra Huhn“: Diese Bezeichnung schreibt einen Anteil von mindestens 14 % Huhn im Futter vor.
- „Menü vom Huhn“: Bei dieser Deklarierung müssen mindestens 26 % Huhn enthalten sein.

Die weiteren Angaben über die analytischen Bestandteile des Hundefutters sind meiner Meinung nach nur wenig aussagekräftig. Beim Rohprotein werden dabei sowohl die tierischen als auch die pflanzlichen Proteine zusammengefasst, welche sich nicht nur in der Qualität, sondern auch in der Verdaulichkeit stark unterscheiden. Tendenziell benötigt Dein Airedale Terrier mehr tierische Proteine, was Du in dieser Aufstellung jedoch nicht nachvollziehen kannst.

Rohfaser ist dagegen eine wichtige Information. Von vielen unterschätzt, beeinflusst die Rohfaser (schwer oder unverdauliche Ballaststoffe von pflanzlichen Fasern) die Kotkonsistenz Deines Airedale Terriers. Sie regt den Darm an und unterstützen ihn bei der Arbeit. Ich persönlich habe sehr gute Erfahrungen mit einem Rohfaserwert zwischen 1,5 und 2 % gemacht. Zu hoch sollte er nicht liegen, da er dann für den Hundedarm schädlich sein kann.

Der Rohfettwert ist in meinen Augen ebenso aussagearm wie der Rohproteinwert, da auch hier nicht zu erkennen ist, welche Fette gemeint sind.

Liegt der Rohaschewert bei deutlich über 5 %, kann dies ein Zeichen dafür sein, dass viele Federn und

Knochen verarbeitet wurden. Natürlich frisst ein wilder Wolf diese mit und sie können nützliche Mineralstoffe und Spurenelemente enthalten. Ob sie in Fertigfutter allerdings in erhöhter Menge vorkommen müssen, wage ich zu bezweifeln, doch sie stellen allzu oft eine preisgünstige Alternative zu wertvollem Muskelfleisch dar. Futter aus Innereien, das als Premium Futter bezeichnet wird, würde ich immer skeptisch betrachten, denn dafür müsste es auch einen ausreichenden Anteil an Muskelfleisch bieten.

Das war jetzt ein grober Überblick über das, was Du bei Deinem Fertigfutter mit einem schnellen Blick beurteilen kannst. Wichtig ist, dass Du Dich bei Fertigfutter genau an die Zubereitungshinweise hältst. Verwendest Du beispielsweise ein Trockenalleinfuttermittel, solltest Du dieses auf keinen Fall durch die Zugabe einer Fleischdose ergänzen. Dadurch kann es zu einer Überversorgung kommen. Halte Dich genau an die Gewichtsvorgaben, die vom Hersteller berechnet wurden.

Ziehst Du eine Fütterung aus Einzel- und Ergänzungsfuttermittel vor, empfehle ich Dir, die genauen Mengen und Zusammensetzungen von einem

Tierernährungsexperten individuell für Deinen Airedale Terrier berechnen zu lassen.

## BARF

Der Trend der gesunden und natürlichen Ernährung macht auch vor unseren Haustieren keinen Halt. Immer mehr Hundehalter streben danach, ihren Hund möglichst auf natürliche Weise – und damit an die Ernährungsweise des Wolfes angepasst – zu ernähren.

Ins Leben gerufen wurde die BARF-Methode vom australischen Tierarzt Ian Billinghurst, der sich 1993 für die Rohfütterung von Hunden stark machte. Analog dazu steht BARF im englischen Original für „Bone and Raw Food" was übersetzt so viel wie „Knochen und rohes Futter" bedeutet. Eingedeutscht wird BARF heutzutage allerdings als „Biologisch Artgerechte Rohfütterung" bezeichnet.

Konkret bedeutet diese Ernährungsmethode, dass Dein Airedale Terrier ausschließlich Futterrationen erhält, die aus rohem Fleisch, Innereien, Knochen und Fisch bestehen. Ergänzt wird dies durch frisches Obst, Gemüse und Nüsse, welche den Magen- und Darminhalt der Beutetiere imitieren soll.

Der größte Vorteil bei der BARF-Methode ist aus meiner Sicht, dass Du als Halter genau weißt, was Dein Airedale Terrier zu fressen bekommt und Du Dich von der Qualität selbst überzeugen kannst. Bei normalem

Fertigfutter siehst Du nur die gepressten Pellets, die nicht erkennen lassen, was enthalten ist. Du musst Dich daher ausschließlich auf die Angaben des Herstellers verlassen.

Ein weiterer, häufig unterschätzter Vorteil ist, dass die Hunde länger mit der Nahrungsaufnahme beschäftigt sind. Ein Schlingen wie beim gängigen Fertigfutter ist häufig gar nicht möglich, da das Fleisch in großen Stücken oder ganze Knochen serviert werden. Der Hund muss daher mit seinem Essen arbeiten, was ihn lange beschäftigt, bei besonders aktiven Hunden aber dafür für mehr Ausgeglichenheit sorgt. An dieser Stelle möchte ich Dir von im Handel erhältlichen BARF-Mischungen abraten, denn diese sind meist schon zerkleinert und nehmen der Methode diesen großen Vorteil.

In den meisten Fällen sind BARF-Rationen ebenfalls besser verdaulich, insbesondere für Hunde, die eine empfindliche Verdauung haben oder unter Futtermittelunverträglichkeiten leiden.

Wissenschaftlich bisher nicht bewiesen, aber von vielen Haltern als positive Nebeneffekte aufgeführt, werden noch folgende Punkte:

- Besseres Immunsystem
- Weniger Parasiten
- Stärkere Knochen
- Glänzenderes Fell

Doch bei all den Vorteilen bestehen bei der BARF-Methode auch einige Nachteile, die für Deinen Airedale Terrier gravierend sein können. Selbstverständlich ist die Vorstellung, Deinen Hund natürlich zu ernähren, toll, allerdings kommt es bei nicht richtiger Anwendung häufig zu gefährlichen Bakterien im Futter, Parasiten im rohen Fleisch oder zu einer Unter- oder Überversorgung an Nährstoffen.

Gerade in handelsüblichen BARF-Paketen wurden schon des Öfteren Salmonellen nachgewiesen. Zwar erkranken Hunde mit einem gesunden Immunsystem nur selten daran, aber sie können über ihren Kot ihre Besitzer oder andere Tiere damit infizieren.

Um sicher zu gehen, dass im Rohfutter keine Parasiten enthalten sind, empfehle ich Dir, dieses am besten frisch vom Metzger zu beziehen oder alternativ für mindestens vier Tage bei -20°C einzufrieren, damit ist der Großteil der Parasiten tot.

Die ausgewogene Zusammenstellung eines gesunden Speiseplans für Deinen Airedale Terrier ist nicht leicht und wird von kaum einem Laien richtig umgesetzt. Häufig kommt es zu einer Unterversorgung an Calcium mit gleichzeitiger Überversorgung an Phosphor. Aber auch Vitamin D und Jod werden häufig nicht ausreichend abgedeckt. Zusätzlich kann auch die Aufnahme von zu viel Muskelfleisch für Deinen Hund schädlich sein, dadurch werden beispielsweise die Nieren in Mitleidenschaft gezogen.

Wenn mich daher jemand fragt, ob ich BARFen empfehle, lautet meine Antwort immer: Es kommt darauf an!

Du als Airedale Terrier Besitzer musst Dir im Klaren darüber sein, dass diese Ernährungsmethode deutlich mehr Zeit in Anspruch nehmen wird, als Fertigfutter. Auch sind die Kosten in der Regel deutlich höher.

Darüber hinaus erachte ich es als absolut notwendig, das BARFen ausschließlich in enger Zusammenarbeit mit einem Tierarzt auszuführen, der sich auf Tierernährung spezialisiert hat. Zwar wirst Du nach kurzer Recherche auch im Internet eine Vielzahl an Rezepten finden, aber die wenigsten halten einer Prüfung durch Experten stand. Niemand, der Deinen

Hund nicht gesehen und genau untersucht hat, kann Dir ein perfektes Rezept erstellen, das alle Nährstoffe, Mineralien und Vitamine abdeckt, die Dein Airedale Terrier in seiner aktuellen Lebensphase benötigt. Lasse Dir das von keinem Online-Guru einreden.

BARFen ja – aber wenn, dann richtig und in genauer Abstimmung mit einem Experten, der den Hund regelmäßig untersucht. Eine halbgare Lösung mit fertigen BARF-Rationen aus dem Handel kann ich allerdings nicht guten Herzens weiterempfehlen.

Um Dir eine Vorstellung zu vermitteln, wie eine BARF-Ration aussehen kann, nenne ich Dir hier ein Beispiel für einen 20 kg schweren Hund. Ich bitte Dich, dieses aber nicht dauerhaft für Deinen Airedale Terrier zu verwenden, wenn Du es nicht mit einem Experten abgeklärt hast:

- 320 g Kopffleisch vom Rind
- 160 g gekochte Kartoffeln
- 40 g geraspelte Möhren
- 4 g gemörserte Eierschale
- 1 g Ascophyllum Seealgen Pulver (Knotentang)

Da in dieser Ration noch nicht ausreichend Vitamin D, E und B1 enthalten ist, muss diese durch eine andere Ration im Laufe der Woche ausgeglichen werden.

Einen Kontakt zu einem Fachtierarzt für Tierernährung erhältst Du übrigens über die Landestierärztekammer.

## SELBSTGEKOCHTES ESSEN

Für selbstgekochtes Hundeessen gelten im Prinzip ähnliche Punkte wie für das BARFen. Auch hier hat der Hundehalter die volle Kontrolle über das, was der Hund zu essen bekommt und genau deshalb ist es wichtig, dass die genaue Zusammensetzung der Speisen mit einem Tierernährungsexperten besprochen wird.

Im Gegensatz zum BARFen servierst Du Deinem Hund hierbei kaum oder gar kein rohes Fleisch, sondern bereitest normale Mahlzeiten zu, die durchaus auch von Menschen gegessen werden können. Wichtig zu unterscheiden ist dabei allerdings, dass Dein Airedale Terrier auf keinen Fall normal zubereitetes Menschenessen bekommen darf.

Das liegt zum einen daran, dass bestimmte Lebensmittel für Deinen Hund sehr schädlich bis tödlich sein können. Zum anderen sollten Hundespeisen so gut wie nicht gewürzt sein. Wenn Du diese Aspekte beachtest, kannst Du ohne weiteres für Deinen Airedale Terrier kochen.

In der Regel besteht das Hundemenü aus denselben Komponenten wie auch unser Essen, nämlich Fleisch, Gemüse und einer Sättigungsbeilage, nur dass die

Verteilung variiert. Folgende Komponenten kommen vor:

- **Fleisch:**

  Hier eignen sich Rind, Geflügel, Schaf, Pferd und fast alle anderen Fleischsorten. Bei Schweinefleisch sollte unbedingt beachtet werden, dass es durchgegart ist. Innereien sind reich an Vitaminen und Spurenelementen, sollten aber nicht öfters als einmal die Woche serviert werden.

- **Fisch:**

  Im gekochten Zustand sind fast alle gängigen Fischsorten für Hunde geeignet und sogar sehr beliebt. Achte allerdings darauf, dass Du vorher alle Gräten entfernst, denn sonst kann es zu denselben Problemen führen, wie bei uns Menschen.

- **Eier:**

  Eier sind eine hochwertige Proteinquelle und sorgen für ein glänzendes Fell. Auch die Schale kann in kleinen Dosen verwendet werden.

- **Milch/Milchprodukte:**

  Da viele Hunde keine Laktose vertragen, sind

nur wenige Milchprodukte geeignet. Dazu gehören Quark, Dickmilch und Hüttenkäse.

- **Getreide:**
  Reis, Haferflocken, Nudeln und Brot werden von den meisten Hunden hervorragend vertragen und können unter das selbstgekochte Essen gemischt werden.

- **Hülsenfrüchte:**
  Diese sollten bitte ausschließlich gekocht und wenn es geht zerkleinert ins Futter gemischt werden.

- **Obst/Gemüse:**
  Beides wird von vielen Hunden gerne angenommen. Am besten mischst Du es in geraspelter oder pürierter Form unter das Essen.

An dieser Stelle muss ich noch ergänzen, dass einige Nahrungsmittel, die von uns Menschen unbedenklich verspeist werden können, für unsere vierbeinigen Freunde nicht nur schädlich, sondern sogar tödlich sein können. Eine Aufstellung dieser giftigen Lebensmittel findest Du in Kapitel 4 unter „Giftige und problematische Substanzen".

Ich persönlich nutze selbstgekochtes Essen für zwei voneinander vollkommen unabhängige Aspekte. Der erste ist die Schonkost. Wenn sich mein Liebling ein Magen-Darm-Problem eingefangen hat, ernähre ich ihn – wie später auch noch beschrieben – für ein paar Tage ausschließlich mit Schonkost. Diese bereite ich immer selbst zu, damit ich genau weiß, was der bereits geschwächte Verdauungstrakt verarbeiten muss.

Außerdem bereite ich gerne Snacks und Leckerlies selbst zu. Diese kann ich in größeren Mengen vorproduzieren und nach Bedarf verwenden.

Der zweite Aspekt ist das Verwöhnen. Ich habe durch das Selberkochen das Gefühl, meinen Lieblingen etwas Gutes zu tun. Meine 10 besten Rezepte, die bei meinen Hunden bisher am besten ankamen, habe ich Dir am Ende dieses Buches noch hinzugefügt. Ich hoffe Du wirst damit genauso viel Freude haben wie ich.

## VEGETARISMUS UND VEGANISMUS

Für überzeugte Vegetarier und Veganer ist der Umgang mit Fleisch nicht leicht. Daher entschließen sich viele dazu, ihren Hund ebenfalls vegetarisch (fleischlos) oder sogar vegan (rein pflanzlich) zu ernähren. Die Frage, ob diese Form der Ernährung noch artgerecht ist, ist heiß umstritten und wird leidenschaftlich diskutiert.

Entscheidet sich ein Tierhalter dazu, seinen Hund vegetarisch zu ernähren, hat dies selten etwas mit der Hundegesundheit zu tun, sondern basiert in der Regel auf ethischen oder religiösen Grundsätzen. Für die Halter, die meist einen engen Bezug zu ihren Tieren aufbauen, ist der Gedanke an Massentierhaltung und Schlachtung einfach unerträglich, weswegen sie sich selbst und auch ihren Hund vegetarisch ernähren wollen.

Der Einwand, dass diese Form der Ernährung nicht natürlich sei, wird mit dem Argument entkräftet, dass dies auf Dosenfutter ebenfalls zutrifft. Selbst die Tierschutzorganisation PETA befürwortet es daher, Hunde vegetarisch zu ernähren. Mittlerweile gibt es auch unzählige Studien, die dies ebenfalls empfehlen, doch mindestens ebenso viele, die das Gegenteil behaupten. Wie ich schon am Anfang dieses Buches erläutert habe, sind Hunde keine reinen Fleischfresser, sondern vielmehr Allesfresser, was sie zum größten Teil dem Zusammenleben mit uns Menschen zu verdanken haben. Allerdings ist der Verdauungstrakt des Hundes immer noch darauf ausgelegt, dass der Großteil seiner Nahrung aus Fleisch besteht.

Was also kannst Du tun, wenn es Dir selbst nicht möglich ist oder behagt, Deinem Airedale Terrier Fleisch als Futter zu servieren?

Zum einen gebe ich hier von Beginn an zu Bedenken, ob Du Dich in dem Fall für das richtige Haustier entschieden hast. Die Frage, ob Fleisch notwendig ist oder nicht, ist wissenschaftlich noch nicht geklärt. Es gibt genügend Tiere, die sich freiwillig und zweifelsfrei rein vegetarisch ernähren. Für jeden überzeugten Vegetarier empfehle ich daher, die Finger von der Hundehaltung zu lassen. Denn meines Erachtens schaffst Du es mit einer rein pflanzlichen Ernährung nicht, die so wichtigen Aminosäuren abzudecken, die Dein Airedale Terrier regelmäßig benötigt.

Solltest Du Dich allerdings darauf festgelegt haben, einen Hund zu besitzen und diesen vegetarisch ernähren zu wollen, rate ich Dir, dies ausschließlich in enger Absprache mit einem Tierernährungsexperten auszuführen. Es liegt in Deiner Verantwortung, dass Dein Hund alle wichtigen Mineralstoffe, Spurenelemente und Vitamine erhält. Erstelle zusammen mit dem Experten einen Ernährungsplan und lasse regelmäßig die Blutwerte Deines Airedale Terriers überprüfen.

Was ich auf keinen Fall als problematisch ansehe, ist, Deinen Hund von Zeit zu Zeit vegetarisch zu ernähren. Mein Hund Daika beispielsweise liebt Salatgurken über alles und erhält diese von uns häufig als Snack. Auch lasse ich in manchen selbstgekochten Gerichten die Fleischkomponente weg, aber eben nicht in allen und auch nicht bei der Mehrheit.

Eine Alternative zur vegetarischen Ernährung und der Dosenfütterung kann das Futter von kontrollierter, tierversuchsfreier Hundenahrung in Bio-Qualität sein, die vorgestellte BARF-Methode oder das selbstgekochte Essen. Bei all diesen Alternativen kannst Du Dir sicher sein, was im Napf landet und dass es sich dabei nicht um Massentierhaltung und Tierquälerei gehandelt hat.

Eine rein vegane Ernährung lehne ich für Hunde vollkommen ab und ich möchte sie an dieser Stelle auch nicht weiter behandeln. Diesen Haltern kann ich lediglich empfehlen, sich in Zukunft für die Haltung eines anderen Tieres und nicht für einen Airedale Terrier zu entscheiden.

## WAS DU BEI DER ERNÄHRUNG DEINES AIREDALE TERRIERS BESONDERS BEACHTEN MUSST

Die gute Nachricht gleich zu Beginn: Im Gegensatz zu anderen Rassen weist der Airedale Terrier keine rassentypischen Unverträglichkeiten oder Unterversorgungen auf. Im Prinzip musst Du daher bei der Ernährung Deines Hundes nichts beachten, was nicht auch für andere Rassen gilt.

Durch seine Größe und genetische Prädisposition neigt die Rasse jedoch zu Hüftgelenksdysplasie, auf die ich in einem späteren Kapitel nochmal zu sprechen komme. Auch eine falsche Ernährung kann diese Erkrankung begünstigen, z.B. wenn Dein Airedale Terrier Übergewicht zeigt.

Doch woran kannst Du als Laie erkennen, ob Dein Airedale Terrier gesund ernährt ist?

Ein gesunder Airedale Terrier sollte einen flachen, sehnigen Bauch aufweisen und stramme Schenkel, auf denen sich keine Fettschicht zeigt. Das Fell glänzt, die Augen sind wach und aufmerksam und er ist stets bereit, sich zu bewegen. Faulheit ist kein normales Verhaltensbild für einen Airedale Terrier und kann ein direktes Zeichen für eine falsche Ernährung sein.

Gerade beim Airedale Terrier erfreut sich das BARFen einer deutlich höheren Beliebtheit als bei vielen anderen Rassen. Vielen Haltern ist es wichtig, ihren Hund möglichst artgerecht und mit Frischfleisch zu ernähren und durch die Herkunft als Arbeitshund ist auch die Bereitschaft dazu höher.

Natürlich kannst Du ihm aber auch bedenkenlos Nass- oder Trockenfutter füttern. Hierbei ist es ebenso wie beim BARFen wichtig, auf die Qualität und die Herkunft der Nahrung zu achten. Deckt sie alle Nährstoffe ab und verträgt sie Dein Hund gut, ist jede Nahrung geeignet.

# DER WASSERHAUSHALT DEINES AIREDALE TERRIERS

Über die richtige Qualität, die richtige Menge und die richtige Art von Futter wird sehr viel und ausgiebig diskutiert. Doch dabei gibt es etwas, das Dein Airedale Terrier noch viel dringender benötigt: Wasser!

Dein Hund kann, wenn es darauf ankommt, sogar Wochen ohne Nahrung überleben – ohne Wasser hält er allerdings nur wenige Tage aus. Auf den nachfolgenden Seiten erfährst Du, wie groß der Wasserbedarf Deines Hundes ist und wie Du Deinen Airedale Terrier zum Trinken animieren kannst, wenn er es von selbst nicht ausreichend tut.

## DER WASSERBEDARF DEINES AIREDALE TERRIERS

Ohne ausreichend Wasser kann Dein Airedale Terrier nicht lange überleben, denn er benötigt es für zahlreiche Körperfunktionen. Er braucht es, um beispielsweise die Futterkomponenten im Verdauungstrakt zu lösen, um die Nährstoffe aus dem Darm über die Blutlaufbahn zu den Geweben zu transportieren, um giftige Stoffe über die Nieren auszuscheiden oder um seine Körpertemperatur zu regulieren.

Du siehst also, dass unzählige Körperfunktionen Deines Hundes davon abhängig sind, dass er ausreichend Wasser zu sich nimmt. In der Regel erfolgt diese Aufnahme auf drei Wegen:

**1. Über das aktive Trinken:** Hierüber nimmt Dein Hund einen Großteil seines Wasserbedarfs auf und es ist wohl auch die offensichtlichste Methode.

**2. Über die Nahrungsaufnahme:** Auch beim Essen nehmen Hunde über die Nahrung Flüssigkeiten auf. Der Anteil unterscheidet sich natürlich erheblich, je nach dem ob der Hund mit Nass- oder Trockenfutter ernährt wird. Gerade Hunde, die BARFen, beziehen einen Großteil ihres täglichen Wasserbedarfs über die frische Nahrung.

**3. Über den Stoffwechsel:** So seltsam es klingen mag, aber Dein Hund ist in der Lage, einen bestimmten Anteil seines Wasserbedarfs durch Stoffwechselprozesse abzudecken.

Damit alle Körperfunktionen Deines Airedale Terriers reibungslos arbeiten können, ist es wichtig, dass Du seinen Wasserhaushalt möglichst konstant hältst. Es ist nicht gut, wenn Dein Hund seinen gesamten Wasserbedarf nur einmal am Tag stillen kann. So kann es während des Tages zu Mangelerscheinungen kommen und Dein Hund wird sehr wahrscheinlich unter starkem Durst leiden. Stelle daher immer sicher, dass er eine Wasserquelle zur Verfügung hat.

Diese Wasserquelle sollte stets sauber sein und wenn es sich dabei um einen Wassernapf handelt, rate ich Dir, diesen regelmäßig zu reinigen. Ich empfehle dabei, diesen mindestens einmal die Woche mit Spülmittel oder Essigessenz zu säubern. Denke aber daran, die Rückstände des Reinigungsmittels gründlich abzuspülen, damit Dein Airedale Terrier diese nicht aufnimmt. Auf Spaziergängen rate ich Dir ebenfalls, Wasser für Deinen Hund mitzunehmen. Natürlich kann er auch aus Pfützen und Tümpeln trinken, doch gerade bei stehenden Gewässern kann ich das nicht immer empfehlen, denn hier bilden sich schnell Keime und Krankheitserreger. Manche Teiche sind wahre Brutstätten für Bakterien. Bei fließenden Gewässern, die rein wirken, sollte bei uns im Land ein Trinken jedoch bedenkenlos möglich sein.

Leitungswasser ist in Deutschland ebenfalls bedenkenlos zu verwenden. Sollte es allerdings aufgrund einer Keimbelastung stärker gechlort sein, neigen viele Hunde dazu, es aus geschmacklichen Gründen abzulehnen. Für diese meist nur wenige Wochen andauernde Zeit empfehle ich, auf stilles Mineralwasser umzusteigen. Die im Sprudelwasser enthaltene Kohlensäure ist zwar nicht per se schädlich für Deinen Hund, allerdings kann sie zu Magenproblemen und Blähungen führen. Achte auch darauf, dass das Wasser Raumtemperatur hat. Ist es zu kalt, kann es den Magen ebenfalls reizen und zu Erbrechen oder Durchfall führen. Zu warmes Wasser wird häufig verweigert.

Ein gesunder Airedale Terrier verliert am Tag auf verschiedensten Wegen Flüssigkeit. Das kann über den Kot sein, über den Harn, über die Atemwege, über die Haut und bei säugenden Hündinnen auch noch über das Gesäuge. Wie viel Wasser er benötigt, hängt ebenfalls von mehreren Faktoren ab. Dazu gehört das Gewicht, der eben beschriebene Wasserverlust, die Außentemperatur, der Grad an körperlicher Aktivität und natürlich die Art der Fütterung. Bei Nassfutter werden schon drei Viertel des Bedarfs über die Nahrung abgedeckt.

Um Dir ein Gefühl dafür zu geben, wie viel Wasser Dein Airedale Terrier am Tag benötigt, kannst Du folgende Faustformel verwenden:

Ein ausgewachsener Airedale Terrier, der mit Trockenfutter gefüttert wird und sich bei normaler Raumtemperatur um die 20 Grad Celsius durchschnittlich viel bewegt, benötigt circa 40 bis 100 ml Wasser pro Kilogramm Körpergewicht. Bei 20 kg macht das einen Wasserbedarf von 800 bis 2.000 ml. Bei einer Ernährung über Nassfutter reduziert sich der Wasserbedarf automatisch um 20 bis 50 ml pro Kilogramm Körpergewicht, sprich 400 bis 1.000 ml für Deinen durchschnittlichen Airedale Terrier.

Bewegt sich Dein Hund mehr oder steigt die Umgebungstemperatur, so erhöht sich ebenfalls der Wasserbedarf. Das gleiche gilt für besonders salziges Futter. Wie bei uns Menschen führt auch das zu einem erhöhten Wasserbedarf. Du hast von mir die

Faustformel erhalten, die aber, wie Du bestimmt bemerkt hast, einen recht großen Spielraum aufweist. Alles, was darunter oder darüber liegt, solltest Du von einem Arzt abchecken lassen. Denn ein zu hoher oder zu geringer Wasserbedarf kann auf eine Krankheit hinweisen.

Befindet sich Dein Airedale Terrier jedoch in der von mir genannten Spanne, sollte in der Regel alles in Ordnung sein, wenn sich Dein Hund normal verhält. Wenn Du seinem Trinkverhalten für ein paar Wochen besondere Aufmerksamkeit zukommen lässt, wirst Du schnell herausfinden, was Dein Hund im Normalfall benötigt und wie sich mehr Bewegung oder höhere Temperaturen auf seinen Durst auswirken. Wie immer gilt auch hier, auf die besonderen Bedürfnisse des individuellen Hundes einzugehen.

## WIE DU DEINEN AIREDALE TERRIER ZUM TRINKEN ANIMIERST

In der Regel trinkt ein gesunder Hund, dem genügend Wasser angeboten wird, immer ausreichend, da er im Gegensatz zu uns Menschen noch sehr genau auf das hört, was sein Körper ihm sagt.

Dennoch kann es dazu kommen, dass auch ein körperlich gesunder Hund zu wenig trinkt. Eine Ursache können zu hohe Temperaturen im Sommer sein, durch die Dein Airedale Terrier einfach deutlich mehr Wasser aufnehmen muss, als er es gewöhnt ist. Ebenso kann sich Stress negativ auf das Trinkverhalten auswirken. Wie bei uns Menschen, kann auch ein Hund aufgrund von Stress auf Essen und Trinken verzichten. Gerade bei Rüden kann dies häufiger vorkommen und zwar gerade dann, wenn sie sich nach einer läufigen Hündin sehnen.

Damit Du auch in solchen Situation dafür sorgen kannst, dass Dein Hund genügend trinkt, erhältst Du hier ein paar Tipps von mir:

- Füge beim Essen mehr Wasser hinzu als gewöhnlich. Bei Trockenfutter kannst Du eventuell auch einen Teil durch Nassfutter ersetzen, was automatisch die Wasseraufnahme erhöht. Bei Nassfutter wird zwar normalerweise kein Wasser hinzugefügt, aber in diesem Fall rate ich dazu.

- Reichere das Wasser mit Geschmack an. Hier hilft Fleischbrühe, Leberwurst oder auch Wurstwasser. Achte aber darauf, dass das Wasser nicht zu salzig wird.

- Füge dem Wasser Früchte hinzu, beispielsweise Cranberrys oder Blaubeeren. Dadurch machst Du das Trinken interessanter und viele Hunde probieren spielerisch, das Obst aus dem Wasser zu fischen. Dabei nehmen sie auch automatisch Wasser auf.

- Denke eventuell über den Kauf eines Wasserspenders nach. Manche Hunde trinken deutlich besser, wenn Du ihnen fließendes Wasser zur Verfügung stellst.

Sollte Dein Airedale Terrier trotz dieser Maßnahmen weiterhin das Trinken verweigern oder zu wenig trinken und sich auch sonst nicht wie normalerweise üblich verhalten, rate ich, vorsorglich einen Tierarzt aufzusuchen. Es kann sein, dass es sich dann um eine

Erkrankung handelt und das solltest Du abklären lassen.

Auf der nachfolgenden Seite erhältst Du zusätzlich eine Checkliste von mir, in der ich alles Wichtige rund um das Trinkverhalten Deines Airedale Terriers zusammengefasst habe.

**Checkliste Trinkverhalten:**

- ☐ Stelle Deinem Airedale Terrier stets ausreichend Wasser zur Verfügung.
- ☐ Achte darauf, dass das Wasser Raumtemperatur hat und keine Kohlensäure enthält, um Magenprobleme zu vermeiden.
- ☐ Reinige die Wassernäpfe regelmäßig.
- ☐ Vermeide das Trinken aus stehenden Gewässern, wenn ihr draußen unterwegs seid, nimm stattdessen selber frisches Wasser für Deinen Hund mit.
- ☐ Erhöhe die angebotene Wassermenge bei erhöhter Aktivität oder steigenden Außentemperaturen.
- ☐ Reichere das Wasser mit Fleischbrühe, Leberwurst oder Wurstwasser an, um Deinen Hund zum Trinken zu animieren.
- ☐ Weiche Trockenfutter in genügend Wasser ein und füge eventuell auch dem Nassfutter noch zusätzliches Wasser hinzu.

- ☐ Streue etwas Obst ins Wasser, so kannst Du Deinen Airedale Terrier spielerisch zum Trinken animieren.
- ☐ Suche einen Tierarzt auf, wenn Dein Hund die Wasseraufnahme verweigert und sich abgeschlagen, müde und motivationslos verhält.

# - Kapitel 3 -

# GRUNDLAGEN DER KÖRPERPFLEGE

Für uns Menschen ist es normal und tägliche Routine, dass wir unseren Körper pflegen. Was für uns allerdings normal ist, übertragen viele nicht auf ihren Hund. Ich würde sogar behaupten, dass die meisten Hundehalter davon ausgehen, dass ihr Hund kaum bis keiner Pflege durch den Menschen bedarf, da er alles Wichtige selbst übernimmt.

Im Prinzip ist diese Annahme auch gar nicht so falsch. Allerdings gibt es von Rasse zu Rasse sehr starke Unterschiede, was den Pflegegrad angeht.

Mit Deinem Airedale Terrier hast Du Dich für eine Rasse entschieden, die etwas mehr Pflege benötigt als beispielsweise ein Husky. Dir muss von Anfang an bewusst sein, dass Du regelmäßig Zeit dafür investieren musst.

Da die Fellpflege zu seiner täglichen Routine gehören wird, es es wichtig, dass Du Deinen Airedale Terrier von klein auf daran gewöhnst, von Dir untersucht und gepflegt zu werden. Gehe es dabei aber behutsam an.

Sollte Dein Airedale Terrier nicht von klein auf daran gewöhnt sein, von Dir untersucht und gepflegt zu werden, rate ich Dir, es behutsam anzugehen. Starte nicht gleich mit dem vollen Programm, das Du in diesem Buch erhältst, und halte vor allem erstmal die Zeiträume der Untersuchung kurz, wiederhole sie dafür aber mehrmals täglich, um ihn darauf zu konditionieren. Sorge dafür, dass sowohl die Untersuchung als auch das anschließende Pflegeprogramm so angenehm wie möglich ist und versüße es am Anfang mit Leckerchen, Streicheleinheiten und Lob, wenn Dein Airedale Terrier ruhig bleibt und sich so verhält, wie Du es Dir wünschst.

Am wichtigsten ist allerdings, dass Du selbst die Ruhe behältst. Auch wenn sich Dein Hund noch so sehr windet und wehrt, musst Du unbedingt ruhig und gelassen bleiben. Wenn Du das schaffst, wird sich Deine Ruhe über kurz oder lang auf Deinen Hund übertragen. Gehst Du allerdings auf sein Verhalten ein und wirst ebenfalls unruhig oder sogar sauer, erreichst Du nur das Gegenteil. Die Anspannung Deines Hundes wird sich noch vergrößern und er wird die regelmäßige Untersuchung zu hassen lernen. Damit sind Dir für die nächsten Jahre regelmäßig Streit und Stress vorherbestimmt. Bleibe daher ruhig, was auch immer Dein Airedale Terrier macht!

Ich rate Dir daher erneut: Beginne in wirklich kleinen Schritten und überfordere Deinen Airedale Terrier nicht. Jeder kleine Schritt, der mit Sicherheit ausgeübt wird, ist um einiges wertvoller als ein überhasteter großer Schritt, der von Unsicherheit geprägt ist.

Oft werde ich gefragt, wieso dieser Aufwand überhaupt notwendig ist, wo der Hund doch vom Wolf abstammt und der Wolf auch niemanden hat, der sich um ihn kümmert und ihn pflegt. Dieses Argument scheint auf den ersten Blick schlüssig zu sein, hält einer genauen Prüfung jedoch nicht stand.

Im Gegensatz zum Wolf, der sich frei vermehren kann, werden die heutigen Haushunde gezielt gezüchtet und weisen daher bestimmte Merkmale auf, die sich in der freien Wildbahn nach Darwins Überzeugung wohl nicht durchgesetzt hätten. Der Mensch hat einen großen Einfluss darauf genommen, wie sich die einzelnen Rassen entwickelt haben und dadurch bestimmte Merkmale gefördert, die besonderer Aufmerksamkeit bedürfen, wie zum Beispiel die

Hängeohren beim Airedale Terrier, die sich schnell entzünden können.

Darüber hinaus unterscheidet sich dann auch das Leben des Hundes deutlich von dem des Wolfes. Denn durch sein Zusammenleben mit uns haben wir ihn auch von uns abhängig gemacht, was sich auch in der intensiveren Pflege bemerkbar macht.

Dazu kommen noch ganz einfache Aspekte, wie zum Beispiel der, dass Deine Wohnung deutlich sauberer bleibt, wenn Du Deinen Airedale Terrier regelmäßig bürstest. Anstatt dass er die Haare langsam nach und nach verliert – wie es beim Wolf der Fall ist – hilfst Du ihm durch das Bürsten dabei, sein Fell schneller zu verlieren und minimierst damit gleichzeitig auch die herumfliegenden Hundehaare in Deiner Wohnung.

Wie bereits erwähnt, hast Du Dich mit Deinem Airedale Terrier für eine Hunderasse entschieden, die nach etwas mehr Pflege als der Durchschnitt verlangt. Daher werde ich Dir auf den folgenden Seiten erläutern, wie Du regelmäßig die Augen, die Haut, das Fell, die Ohren, das Gebiss und die Pfoten Deines Airedale Terriers überprüfen kannst. Wen Du Dich daran hältst, geht es Dir und Deinem Hund langfristig besser und Du wirst mögliche Krankheiten frühzeitig erkennen, bevor sie akut werden.

Die Tipps auf den nächsten Seiten basieren auf der Meinung von Ärzten, Ratgebern und anderen Experten. Wenn Du Dich zu hundert Prozent an alles hältst, wirst Du demnächst viele Stunden mit der Untersuchung und Pflege Deines Hundes verbringen. Wahrscheinlich wirst Du aber auch überall Krankheiten und Gefahren für Deinen Vierbeiner vermuten – was ich Dir nicht zumuten möchte. Du wirst auf den nächsten Seiten natürlich mit vielen Problemen konfrontiert, die bei Deinem Airedale Terrier auftreten können. Wichtig dabei ist aber das Wort „können" – es heißt nicht, dass die Probleme auch auftreten werden und schon gar nicht alle auf einmal.

Für mich ist hierbei wie bei fast allen Dingen wichtig, auf den logischen Menschenverstand zu hören. Hat Dein Hund schonmal Probleme mit den Augen gehabt, solltest Du sie intensiver pflegen, als bei einem Hund, der immer gesunde Augen hatte. Stellst Du allerdings keine Auffälligkeiten fest, dann strapaziere Deinen Hund nicht mit unnötigen Untersuchungen und Pflegeprogrammen. Mache das, was notwendig ist, ordentlich und lasse das, was nicht notwendig ist, weg.

Am Ende eines jeden Unterkapitels gebe ich Dir daher eine Empfehlung, was ich bei meinen Hunden als notwendig erachte und was ich eher als vernachlässigbar ansehe. Wichtig dabei ist mir, dass Du meiner Empfehlung nicht blind folgst, sondern sie an die Bedürfnisse und auch Probleme Deines Airedale Terriers anpasst. Jeder Hund ist anders und daher bedarf jeder Hund einer anderen Pflege. Aber mit Hilfe meiner Empfehlung will ich Dir ein Gefühl für die Verhältnismäßigkeit vermitteln.

# AUGENPFLEGE

Der niedliche und herzerweichende Hundeblick ist aus unserem Sprachgebrauch nicht mehr wegzudenken. Damit dies auch so bleibt, ist es wichtig, dass Du die Augen Deines Hundes regelmäßig überprüfst. Experten und Tierärzte empfehlen, dass Du die Augen Deines Hundes täglich kontrollieren sollst.

Ein gesundes Hundeauge weist einen klaren und glänzenden Blick auf. Die Augenlider liegen eng an und sind sauber. Es ist weder Schleim noch eine Verkrustung zu erkennen. Hat Dein Hund nach einer längeren Ruhephase etwas getrocknete Tränenflüssigkeit am Auge, ist dies ganz normal und entspricht dem Schlafsand, den auch wir Menschen öfters am Auge haben.

Zur Kontrolle der Augen hältst Du den Kopf Deines Airedale Terriers sanft in den Händen und streichst gegebenenfalls das Fell zur Seite.

Fällt Dir dabei auf, dass Dein Hund häufiger unter Schlafsand im Auge leidet, kannst Du dazu übergehen, ihm jeden Morgen nach dem Aufstehen vorsichtig mit einem feuchten Lappen über die Augen zu wischen und den Schlafsand damit zu entfernen. Achte dabei darauf, dass der Lappen nicht fusselt, sonst können Rückstände im Auge zurückbleiben. Auch solltest Du für jedes Auge einen eigenen Lappen verwenden, damit sich mögliche Erreger oder Verunreinigungen nicht von einem Auge auf das andere übertragen.

Bei Hunden, die häufiger Probleme mit den Augen haben, empfiehlt es sich, den Lappen statt in Wasser in lauwarme Kochsalzlösung oder Kamillentee zu tunken. Beide Varianten solltest Du vorher aber nochmal filtern, damit keine noch so kleinen Rückstände ins Hundeauge gelangen.

Sollte Dein Airedale Terrier zu langen Haaren um die Augen neigen, ist es ratsam, diese regelmäßig zu kürzen. So verhinderst Du, dass durch die Haare Verunreinigungen ins Auge gelangen oder die Haare selbst die Augen reizen.

Die nachfolgenden Symptome können darauf hinweisen, dass mit dem Auge Deines Hundes etwas nicht stimmt und Du besser den Tierarzt aufsuchen solltest:

- Überdurchschnittliche Lichtempfindlichkeit
- Berührung des Auges mit der Pfote

- Berührungsempfindlichkeit
- Dicklicher Ausfluss aus dem Auge
- Stark blutunterlaufene Augen
- Erweiterte Pupillen
- Augenveränderungen jedweder Art

Darüber hinaus rate ich Dir, Deinen Hund vor unnötig viel Staub und Pollen zu schützen. Zwar zählt Dein Airedale Terrier nicht zu den Rassen, die durch ihre geringe Größe und damit großer Nähe zum Boden deutlich stärker betroffen sind, dennoch solltest Du darauf achten. Lasse ihn bei Spaziergängen nicht durch blühende Wiesen laufen oder über besonders staubige Wiesen. Die kleinen Partikel können sich schnell im Auge festsetzen und damit eine Bindehautentzündung auslösen. Kannst Du eine starke Staub- und Pollenbelastung nicht ausschließen und merkst Du, dass Dein Hund mit Rückständen im Auge zu kämpfen hat, rate ich Dir, seine Augen nach dem Spaziergang mit einem milden Augenreiniger ohne Konservierungsstoffe auszuspülen. Diese kannst Du in den meisten Apotheken und Tierbedarfsläden kaufen.

Ebenso wie Pollen und Staub solltest Du auch trockene Raumluft vermeiden. So wie wir Menschen kann auch ein Hund unter trockener Heizungsluft leiden, und dadurch tränende oder brennenden Augen bekommen. Im Gegensatz zu uns Menschen erkennt der Hund jedoch nicht die Ursache und meidet die direkte Nähe zu Kaminöfen und Heizungen nicht. Bemerkst Du daher, dass Dein Airedale Terrier gerade zur kalten Jahreszeit drinnen häufig unter tränenden Augen leidet oder häufig blinzelt, empfehle ich ebenfalls ein feuchtes Tuch mit Kamille für die Augen. Darüber hinaus solltest Du Dir angewöhnen, eine Wasserschale auf die Heizung oder in die Nähe des Kamins zu stellen, um die Luftfeuchtigkeit zu erhöhen. Das wird nicht nur den Augen Deines Hundes helfen, sondern auch Deinen eigenen.

So wie Hunde die Gefahr bei trockener Heizungsluft nicht erkennen, erkennen sie sie auch bei Zugluft nicht. Ganz im Gegenteil genießen viele Hunde die Zugluft und halten ihren Kopf mit voller Absicht genau hinein. Achte darauf, dass Dein Hund nicht allzu oft die Gelegenheit dazu bekommt, denn auch das kann vermehrt zu Bindehautentzündungen führen.

**Meine Empfehlung an Dich:**

Hat Dein Airedale Terrier keine Probleme mit seinen Augen, brauchst Du sie nicht täglich zu untersuchen.

Bei meinen Hunden musste ich bisher keine regelmäßigen Untersuchungen durchführen und auch noch nie den Morgensand aus den Augen entfernen. Das heißt nicht, dass meine Hunde keinen Morgensand in den Augen haben, aber bisher hat sich immer alles von selbst behoben. Fällt mir etwas auf, beobachte ich meinen Hund und solange es nicht schlimmer wird, unternehme ich erstmal nichts.

Die Tipps mit der Zugluft und auch mit der trockenen Heizungsluft solltest Du aber auf jeden Fall beachten. Es ist nicht viel Aufwand, aber damit kannst Du Deinem Hund größeres Leid ersparen.

## HAUT- UND FELLPFLEGE

Im Allgemeinen gilt das Fell des Hundes als Spiegel seiner Gesundheit. Ist das Fell glänzend, dicht und widerstandsfähig, kannst Du davon ausgehen, dass Dein Airedale Terrier gesund ist. Sobald sich jedoch das Fell verändert, es stumpf und brüchig wird, es verfilzt oder übermäßig stark ausfällt, kann ein Problem vorliegen. Dieses Problem liegt dann meist ein Stück tiefer – denn häufig werden Fellprobleme durch Hautirritationen hervorgerufen. Andere Ursachen können eine Mangelernährung oder auch Parasiten sein.

Die Haut ist nicht nur das größte Organ Deines Hundes, sondern sie erfüllt auch einige wichtige Aufgaben:

- **Sie schützt Deinen Hund vor Krankheitserregern.** Sie dient als immunologische Grenzfläche und hält dadurch sowohl Bakterien, als auch Pilze und andere schädliche Stoffe von den inneren Organen fern.
- **Sie regelt die Temperatur Deines Hundes.** Durch die Erweiterung oder Verengung der

Blutgefäße bietet sie Deinem Hund Schutz vor Hitze und Kälte.

- **Sie unterstützt ihn bei der Kommunikation.** Durch winzige Muskeln in der Haut wird das Aufrichten des Fells sichergestellt. Außerdem werden über die Haut sowohl Duftstoffe als auch Hormone abgegeben.
- **Sie dient der Entgiftung.** Über die Haut werden sowohl Abbauprodukte des Stoffwechsels als auch schädliche Stoffe abgesondert.
- **Sie ist für den Fellwechsel verantwortlich.** Die Haarfolikel, die das Haarkleid Deines Hundes bilden, liegen in der Haut. Zweimal im Jahr findet genau hier der Fellwechsel statt.

Damit Du die Gesundheit der Haut und gleichzeitig die Schönheit des Fells sicherstellen kannst, ist nicht nur eine regelmäßige Fellpflege notwendig, sondern auch eine ausgewogene Ernährung. Denn was viele Hundehalter nicht wissen ist, dass sich Mangelerscheinungen in der Ernährung meist als erstes an der Haut und dem Fell des Hundes zeigen.

Jetzt fragst Du Dich vielleicht, wie die gesunde Haut Deines Airedale Terriers eigentlich aussehen soll? In der Regel sollte Dein Hund eine weiße bis graue Haut aufweisen. Ist sie gerötet, trocken oder schuppig oder zeigt Dein Hund ein erhöhtes Kratzverhalten, könnte dies auf eine Hauterkrankung hinweisen. Ebenso sieht es bei stumpfem oder fettigem Fell und bei Haarverlust aus.

Experten empfehlen, die Haut und das Fell des Hundes täglich zu pflegen beziehungsweise zu untersuchen. Das Ganze muss dabei nicht nur eine langweilige Routine sein, sondern kann durch den intensiven Kontakt ein liebgewordenes Ritual werden, welches eure Beziehung zueinander stärkt.

Das tägliche Bürsten und Massieren nimmt tatsächlich einiges an Zeit in Anspruch, wenn Du es richtig machst. Ein oberflächliches Kämmen und Bürsten wird nicht zum gewünschten Erfolg führen. Solltest Du nicht die Zeit dazu finden, ist es besser, Deinen Terrier zweimal die Woche sehr sorgfältig und gründlich zu bürsten als fünfmal nur oberflächlich. Die tägliche Pflege sorgt zusätzlich noch dafür, dass sich deutlich weniger Haare und Hautpartikel lösen, wie wenn Du es nur einmal die Woche machst. Auch entferne ich dadurch

Schmutzreste von Spaziergängen, bevor sie sich in der kompletten Wohnung verteilen können und entdecke Zecken, Flöhe und andere Parasiten deutlich schneller.

Ist Dein Airedale Terrier nicht an das tägliche Bürsten gewöhnt und reagiert verunsichert oder sogar aggressiv auf das Bürsten, gilt hier derselbe Rat wie bei der Augenpflege. Gehe es zum einen langsam und zum anderen mit vielen Leckerchen und Streicheleinheiten an. Mache das tägliche Bürsten zu etwas angenehmem für Deinen Hund, auf das er sich freut. Beginne erstmal mit einer intensiven Streicheleinheit, bis Du auf eine weiche Bürste übergehst. Erst wenn Dein Hund das entspannt mit sich machen lässt, kannst Du auf eine härtere Bürste oder sogar auf eine Unterwollbürste übergehen. Ich empfehle immer, erst gegen den Strich – sprich vom Schwanz zum Kopf – zu bürsten. Erst im Anschluss daran bürste ich mit dem Strich. Ist Dein Airedale Terrier gut durchgebürstet, beginnst Du, mit einem grobzahnigen Kamm durch sein Fell zu gehen. Als letzten Schritt wechselst Du auf einen feinzahnigen Kamm. Dieses regelmäßige Prozedere schützt das Fell Deines Airedale Terriers vor Verfilzungen. Ist es einmal verfilzt, hilft in den meisten Fällen nur noch die Kahlrasur.

Besondere Aufmerksamkeit solltest Du sowohl seinem Bart als auch seinem After- und Genitalbereich zukommen lassen. Im Bart sammeln sich häufig Essensreste an, die Du regelmäßig entfernen solltest. Ebenso können an dem langen Fell an der Afterregion manchmal Kotreste kleben bleiben. Aus diesem Grund solltest Du die Haare in dieser Region mit einer abgerundeten Schere regelmäßig kürzen und wenn nötig mit einem Waschlappen reinigen.

Baden solltest Du Deinen Airedale Terrier eigentlich nicht, beziehungsweise nur, wenn Du es aufgrund einer akuten Verschmutzung für notwendig erachtest. Intensives Baden und insbesondere das Einshampoonieren zerstört die natürliche Schutz- und Fettschicht des Fells und der Haut. Das kann zu Hautirritationen und Juckreiz führen. Bade Deinen Hund daher nur im Ausnahmefall und verwende Shampoo nur, wenn es unbedingt notwendig ist.

Verwende dabei auf keinen Fall Menschenshampoo, denn die Haut Deines Airedale Terriers weist einen anderen PH-Wert auf und verträgt daher Menschenshampoo nur sehr schlecht. In jedem gängigen Tierbedarfsladen wirst Du aber Hundeshampoo finden.

Als Vorbereitung für das Bad empfehle ich Dir, eine rutschfeste Unterlage in der Dusche oder der Badewanne auszulegen. Überprüfe darüber hinaus, dass das Wasser zwar warm, aber auf keinen Fall heiß ist.

Gerade beim ersten Bad solltest Du wieder sehr vorsichtig und langsam vorgehen. Brause Deinen Hund sehr vorsichtig ab und beginne ganz langsam mit den einzelnen Pfoten. Nur wenn Dein Airedale Terrier dabei ruhig und entspannt bleibt, machst Du mit den Beinen weiter. Taste Dich langsam über den Körper nach vorne durch. Gehe über die Rute, die Seiten und den Rücken langsam weiter.

Den Kopf solltest Du nur dann abbrausen, wenn Dein Hund an das Baden gewöhnt oder komplett tiefenentspannt ist. Sollte dies nicht der Fall sein, rate ich Dir, lieber einen nassen Schwamm oder Waschlappen zu verwenden und damit sanft den Kopf zu reinigen. Spare auch beim Einshampoonieren den Kopf aus, um zu vermeiden, dass das Shampoo in die Augen, Ohren, Schnauze oder Nase gelangt. Gehe auch beim Ausspülen ebenso langsam und sanft vor.

Sollte Dein Airedale Terrier in Panik geraten, unterbreche die ganze Aktion sofort. Er muss sich wohlfühlen und das erreichst Du nicht mit Druck. Probiere, ihn mit Futter und Streicheleinheiten zu entspannen. Bleibe in jedem Fall ruhig und reagiere nicht böse, gestresst oder genervt.

Wenn Du mit dem Baden fertig bist, wird sich Dein Airedale Terrier wahrscheinlich erst einmal ausgiebig Schütteln. Probiere, ihn danach am besten direkt in der Dusche oder Wanne abzutrocknen, so gut es geht. Rubbele dabei aber nicht zu feste. Viele Hunde mögen es zudem nicht, geföhnt zu werden. Du kannst es gerne austesten, solltest es aber nicht weiter ausführen, wenn Dein Airedale Terrier es nicht mag. Im Winter musst Du besonders darauf achten, dass Dein Hund ausreichend Wärme zur Verfügung hat, bis er vollständig getrocknet ist. Im Sommer, wenn es warm ist, kannst Du das Abtrocknen und Föhnen eigentlich komplett auslassen, dann wird sich Dein Hund über das kühle, nasse Fell sehr freuen.

Pflegeprodukte wie Sprays kannst Du verwenden, sind aber nicht notwendig. Durch eine richtige und vollwertige Ernährung sollte das Fell Deines Hundes ausreichend glänzen.

Einen regelmäßigen Besuch beim Hundefriseur musst Du mit Deinem Airedale Terrier ebenfalls einplanen. Im Gegensatz zu anderen Rassen kommt er eventuell nicht ohne Schneiden, Trimmen und oder Scheren des Fells aus, da er über keinen natürlichen Haarwechsel verfügt. Dass heßt, das abgestorbene Haar fällt bei ihm nicht aus, sondern muss durch Trimmen entfernt werden. Ich persönlich empfehle einen Rhythmus von 3 bis 4 Monaten.

Wähle den Hundefriseur gut aus, da es auch hier schwarze Schafe gibt. Achte darauf, dass er Deinen Hund langsam an das Prozedere heranführt und ihn auf keinen Fall überfordert. Lasse Dich vorher auch intensiv beraten.

**Meine Empfehlung an Dich:**

Eine gesonderte Untersuchung des Fells oder der Haut führe ich eigentlich nur selten durch, denn das ist nicht notwendig. Bei uns ist es Tradition, dass wir das Fell unserer Hunde jeden Abend ordentlich durchbürsten und -kämmen.

Als Hundefriseur haben wir uns einen Spezialisten ausgesucht, der sich ausschließlich auf Terrier spezialisiert hat. Das ist nicht unbedingt notwendig, ein guter Hundefriseur ist ebenfalls geeignet. Da wir in unserer Nähe allerdings einen Spezialisten haben, haben wir uns für diesen entschieden.

Sollte Dein Hund keine akuten oder chronischen Probleme mit seiner Haut oder seinem Fell haben, könnte diese Vorgehensweise auch bei euch passen.

# OHRENPFLEGE

Ich muss wohl kaum betonen, wie wichtig die Ohren für Deinen Airedale Terrier sind. Sie dienen ihm nicht nur fürs Gehör, sondern auch für das Gleichgewicht und die Kommunikation mit Artgenossen. Eine regelmäßige Ohrenkontrolle wird von Experten daher ebenfalls täglich empfohlen.

Das Hundeohr an sich besteht aus drei Bestandteilen:

- dem Außenohr
- dem Mittelohr
- dem Innenohr

Er hört damit um ein Vielfaches besser als Du und ich und kann zusätzlich Frequenzen wahrnehmen, die höher und tiefer sind, als das, was wir hören können. Damit das so bleibt, ist es wichtig, dass Du die Ohren Deines Hundes regelmäßig überprüfst.

Im Idealfall solltest Du dabei nichts Besonderes feststellen, denn ein gesundes Hundeohr ist gut durchblutet und sauber. Der Körper Deines Hundes verfügt nämlich durchaus über ausreichende Selbstreinigungskräfte. So wird beispielsweise genügend Ohrenschmalz gebildet, um Dreck herauszuspülen, feine Schutzhaare halten Staubkörner und ähnliches schon auf, bevor sie ins Innenohr gelangen können und eine gute Belüftung tut ihren Rest, um ein feuchtes und warmes Klima zu unterbinden, das viele Bakterien bevorzugen.

Die häufigsten Ohrenkrankheiten eines Hundes betreffen das Außenohr und den äußeren Gehörgang. Folgende Symptome können darauf hindeuten, dass etwas nicht stimmt:

- Du nimmst einen seltsamen und unangenehmen Geruch wahr, der aus den Ohren kommt.
- Der Gehörgang ist stark verschmutzt oder verklebt (z.B. durch schwarzes Sekret oder Ohrenschmalz).
- Du entdeckst kleine schwarze Punkte im Ohr (evtl. handelt es sich dabei um Parasiten).
- Du erkennst eine Rötung oder sogar Eiter (Achtung – hier könnte eine Infektion vorliegen).
- Du findest eine frische Wunde oder eine Blutung.

- Dir fällt auf, dass sich Dein Airedale Terrier auffällig oft an den Ohren kratzt, dass er den Kopf häufig schüttelt oder ihn sogar schief hält.

Bei den meisten dieser Symptome rate ich Dir, einen Tierarzt zur Aufklärung aufzusuchen. Sollte es sich allerdings nur um eine leichte Verschmutzung des Außenohres handeln, kannst Du versuchen, dieses selbst zu reinigen.

Hierfür empfehle ich Dir erneut einen feuchten, fusselfreien Lappen, den Du um Deinen Zeigefinger wickelst und damit vorsichtig die Ohrmuschel säuberst. Wichtig ist, dass der Lappen nicht zu feucht ist und keine Flüssigkeit ins Mittelohr tropft und Du das Außenohr anschließend wieder vorsichtig aber gründlich abtrocknest. Durch die Feuchtigkeit kann ansonsten die Ausbreitung von Bakterien begünstigt werden. Wenn Du möchtest, kannst Du den Lappen anstelle von Wasser wieder in Kamillentee tunken und Dir die entzündungshemmende Wirkung des Tees zu Nutze machen. Achte beim Wasser wieder darauf, dass es Raumtemperatur aufweist.

Bei starken Verschmutzungen kannst Du im Fachhandel Reinigungslotionen und Tropfen erwerben. Ich rate Dir, diese auf jeden Fall draußen anzuwenden, da sich Dein Hund danach ausgiebig schütteln wird. Sollten die Symptome damit nicht schnell besser werden, empfehle ich auch hier die Hinzunahme eines Tierarztes.

Was Du auf jeden Fall unterlassen solltest, ist die Verwendung von Ohrenstäbchen zur Reinigung. Die Gefahr, Keime, Schmalz oder Schmutz damit nur noch tiefer ins Ohr zu schieben, ist sehr groß, womit Du enormen Schaden anrichten kannst. Außerdem kannst Du damit bei einer unbedachten Kopfbewegung Deines Hundes ganz schnell sein Trommelfell irreparabel verletzen.

Zum Abschluss sei noch erwähnt: Ähnlich wie bei der Augen- und Fellpflege empfehle ich auch bei der Ohrenpflege, dass Du Deinen Airedale Terrier schon im frühen Alter daran gewöhnst. Gehe es langsam und behutsam an und verbinde die Untersuchung und eventuelle Reinigung der Ohren am Anfang mit ausgiebigen Streicheleinheiten und dem ein oder anderen Leckerchen.

**Meine Empfehlung an Dich:**

Dadurch, dass Dein Airedale Terrier keine stehenden Ohren wie beispielsweise ein Schäferhund hat, ist er etwas anfälliger für Ohrenerkrankungen. Ich schaue sie mir daher jeden Abend kurz während unserer Schmuseeinheit an. Dadurch erkenne ich Verschmutzungen sehr früh und hatte bisher kaum Probleme mit den Ohren meiner Hunde.

## GEBISSPFLEGE

Die Gebiss- beziehungsweise Zahnpflege ist für uns Menschen selbstverständlich, doch viele Hundehalter meinen, dass diese bei ihrem Vierbeiner nicht notwendig ist. Doch das ist falsch. Das Gebiss des Hundes dient ihm zur Kommunikation, als Jagdwaffe und als Fresswerkzeug. Darum ist es umso wichtiger, dass es in einem guten Zustand ist und bleibt. Wie genau Du das erreichst, erfährst Du in diesem Kapitel.

Ähnlich wie wir besitzt Dein Airedale Terrier zu Beginn Milchzähne. Diese fallen im dritten bis sechsten Lebensmonat aus, was häufig dazu führt, dass der Welpe alles anknabbert, was ihm zwischen die Zähne kommt. Das macht er übrigens, um den durchaus schmerzhaften Prozess des Zahnwechsels zu beschleunigen. Ein ausgewachsener Hund verfügt schließlich über 42 Zähne, die er zum Ergreifen, Festhalten, Reißen, Töten und Fressen nutzt.

Gewöhne Deinen Hund von Anfang an daran, dass Du regelmäßig sein Zahnfleisch und auch seine Zähne begutachtest. Fällt Dir dabei auf, dass die Zähne leicht gelblich-braun verfärbt sind oder dass braune Ränder am Zahnfleisch sichtbar werden, solltest Du das als

Alarmsignal ansehen. Sehr wahrscheinlich handelt es sich dabei um Plaque oder einen bakteriellen Befall. Kommt dazu noch ein unangenehmer Mundgeruch, ist dies ebenfalls ein starkes Anzeichen für Zahnprobleme oder eine Zahnfleischentzündung. Dazu zählt ebenfalls blutiges oder stark gerötetes Zahnfleisch.

Ich kann Dir nur raten, gar nicht erst zu warten, bis Du diese Anzeichen bemerkst, sondern schon vorzeitig aktiv zu werden und mit der richtigen Zahnpflege den Problemen keine Chance geben. Das ist umso wichtiger, da statistisch betrachtet 85% aller Hunde, die über drei Jahre alt sind, an Zahnproblemen leiden – eine erschreckend hohe Zahl, die zeigt, wie wichtig hier die Vorbeugung ist.

Die häufigste Ursache für Plaque sind meist falsches Futter oder Futterreste, die zwischen den Zähnen hängen bleiben, wodurch sich dort Bakterien ansammeln. Durch die Mineralien im Speichel wird der Plaque schlussendlich zu Zahnstein, den nur noch der Tierarzt beseitigen kann.

Die Zahnpflege beginnt beim Hund daher immer mit dem Futter. Hunde, die ausschließlich über eingeweichtes Trockenfutter oder mit Nassfutter gefüttert werden, kauen kaum noch. Sie schlucken die kleinen weichen Bröckchen einfach nur herunter. Hunde, die im Gegensatz dazu frisches Muskelfleisch fressen, bekommen je nach Größe des Brockens deutlich mehr zu kauen – und genau an dieser Stelle beginnt die natürliche Zahnpflege.

Durch das Kauen reinigt Dein Airedale Terrier automatisch seine Zahnoberfläche und verhindert damit, dass Plaque und später Zahnstein entstehen. Durch den anhaltend hohen Speichelfluss beim Kauen werden die Zähne nochmal zusätzlich gereinigt. Am effektivsten ist dieser Vorgang, wenn Dein Hund nicht nur an Fleisch, sondern auch an einem Knochen kaut. Wichtig ist, dass der Knochen immer frisch (sprich ungekocht) und nicht vom Huhn oder Schwein stammt. Außerdem sollte er groß genug sein, damit er nicht am Stück verschlungen werden kann, was gerade bei Welpen wichtig ist.

Auch Kauspielzeug oder spezielle Kauartikel aus dem Fachhandel sind ein guter Ersatz für die natürliche Zahnpflege. Darüber hinaus gibt es noch die Möglichkeit, Deinem Airedale Terrier mit speziellen Hundezahnbürsten und Hundezahnpasta einer gründlichen Zahnreinigung zu unterziehen.

Wusstest Du übrigens, dass sportlich aktive Hunde deutlich weniger Probleme mit ihren Zähnen haben? Wissenschaftliche Studien haben gezeigt, dass beim Sport der Speichelfluss gefördert wird, wodurch sich die Zahnreinigung verbessert.

**Meine Empfehlung für Dich:**

Ich persönlich empfehle die tatsächliche „Zähneputz"-Variante nur für Hunde, die schon in der Vergangenheit Probleme mit ihren Zähnen hatten oder bei denen es genetisch bedingte Besonderheiten gibt.

Bei einem gesunden Airedale Terrier solltest Du mit der Zugabe von Kauartikeln oder Knochen gut zurecht kommen. Achte zusätzlich darauf, dass Dein Hund nur ungezuckertes Futtermittel erhält. Auch die Fütterung von zu vielen Leckerchen zwischendurch kann die Plaquebildung beschleunigen.

Ohne Vorerkrankungen brauchst Du die Zähne und das Zahnfleisch Deines Hundes nicht täglich zu kontrollieren. Einmal die Woche reicht vollkommen aus. Sollte Dein Airedale Terrier allerdings mal sein Futter verweigern oder starken Mundgeruch aufweisen, empfehle ich Dir, ebenfalls einen Blick auf seine Zähne zu werfen. Manchmal liegt der Grund auch hier.

Was bei uns Menschen gilt, gilt übrigens auch bei unseren Hunden: Je älter, desto anfälliger werden die Zähne und das Zahnfleisch. Bei einem jungen, gesunden Hund wirst Du wahrscheinlich die ersten Jahre keine Auffälligkeiten und/oder Beschwerden feststellen. Je älter Dein Airedale Terrier wird, desto eher wirst Du Plaque ausmachen können. Daher kann es auch durchaus ratsam sein, Deinen Untersuchungszeitraum auf das Alter Deines Hundes anzupassen.

## PFOTENPFLEGE

Pediküre für den Hund halten viele für ein übertriebenes Verhalten – doch ich und viele Experten und Tierärzte sehen das anders.

Vielleicht ist Dir schon mal aufgefallen, dass Dein Airedale Terrier an seinen Pfoten leckt oder an seinen Krallen knabbert. Falls dem so ist, hat Dein Hund dringend eine Pediküre notwendig. Dabei handelt es sich nicht nur um eine bloße kosmetische Maßnahme, sondern um eine wichtige Pflege, die großen gesundheitlichen Problemen vorbeugen kann.

Doch warum ist das überhaupt notwendig? Schließlich braucht der Wolf auch heute noch keine Pediküre, denn die Natur übernimmt für ihn die wichtige Pfotenpflege. Zum großen Teil liegt es daran, dass der Wolf schon vom Welpenalter an über harte Untergründe, Felsen und Steine läuft und somit die Krallen und Haare regelmäßig abgerieben werden.

Bei unseren modernen Vierbeinern sieht das anders aus. Sie laufen meist auf weichen Böden und sind nur wenige Stunden am Tag auf ihrem „natürlichen" Untergrund unterwegs. Durch ihr gemeinsames Leben mit uns Menschen sind sie darüber hinaus zusätzlichen Belastungen ausgesetzt, die ihre Wolfsvorfahren so meist nicht kennen, wie z.B. dem Streusalz.

Kommen wir jetzt dazu, wie Du erkennst, dass Dein Airedale Terrier eine Pfotenpflege benötigt:

- Die Krallen berühren den Boden (Dein Hund klickert, wenn er über Fliesen läuft).
- Dein Hund leckt oder knabbert an seinen Pfoten.
- Dein Hund rutscht häufig aus.
- Dein Hund stellt die Pfoten beim Laufen schräg auf.

Wenn Du eines dieser Anzeichen bemerkst, solltest Du Dir die Pfoten Deines Hundes unbedingt genauer anschauen. Abgesehen davon empfehlen Experten, dass Du die Pfoten mindestens einmal die Woche oder gegebenenfalls auch nach jedem langen Spaziergang überprüfen solltest.

Achte bei der Überprüfung der Pfoten darauf, ob sich Dreck zwischen den Ballen oder unter den Krallen angesammelt hat. Wenn ja, dann solltest Du diesen entfernen. Sind die Haare zwischen den Ballen so lang, dass sie deutlich herausschauen, solltest Du sie schneiden. Zum einen können sich in den Haaren vermehrt Dreck und kleine Steinchen ansammeln, die Schmerzen verursachen. Zum anderen können diese Haare schnell verfilzen, was dazu führt, dass Dein Hund weniger Halt hat und gerade auf glatten Oberflächen schneller ausrutscht. Zum Schneiden empfehle ich eine Spezialschere mit abgerundeten Enden. Sind die Pfoten besonders stark verschmutzt, kann ein lauwarmes Pfotenbad Abhilfe verschaffen.

Fallen Dir bei der Untersuchung Risse, Schnittwunden oder sogar eingewachsene Krallen auf, solltest Du einen Tierarzt zu Rate ziehen. Zwar kannst Du auch erstmal eine Fettcreme oder Vaseline (gerade bei rissigen Ballen) auftragen, dennoch empfehle ich Dir, das Ganze von Deinem Tierarzt untersuchen zu lassen, insbesondere wenn es länger anhält oder öfters vorkommt. In beiden Fällen ist Kamille im Pfotenbad ebenfalls sehr wirksam.

Im Winter bedürfen die Pfoten Deines Hundes übrigens einer besonderen Pflege. Durch Splitt, Eis und Salz sind sie ganz besonders beansprucht. Daher solltest Du Dir während der kalten Jahreszeit angewöhnen, gestreute Straßenabschnitte weitgehend zu meiden und die Pfoten nach jedem Spaziergang zu überprüfen. Ich creme die Pfoten meiner Hunde außerdem vor jedem Spaziergang mit Vaseline ein. Ist Dein Hund schon in der wärmeren Jahreszeit besonders anfällig für wunde und rissige Pfoten, solltest Du im Winter über die Anschaffung von besonderen Hundeschuhen nachdenken. Wichtig ist dabei, dass sie richtig gut sitzen, von guter Qualität sind und von Deinem Hund nicht ausgezogen werden können.

Kommen wir zur Krallenpflege: Sind die Krallen zu lang, kommt Dein Airedale Terrier nicht wie gewollt zuerst mit den Ballen, sondern mit den Krallen auf (was die Klickgeräusche verursacht). Beim Abrollen werden sie dann ins Krallenbett geschoben, was einen schmerzhaften Druck auf die Ballen ausüben kann. Wird der Druck zu stark, wird Dein Hund versuchen, das zu vermeiden und stellt die Pfote immer öfters seitlich auf. Das wiederum sorgt langfristig zu Muskelverhärtungen, Gelenkschäden und Fehlstellungen des Bewegungsapparates.

Falls Du Dir nicht sicher bist, ob die Krallen Deines Hundes zu lang sind, dann versuche folgendes: Lasse Deinen Airedale Terrier vor Dir aufrecht stehen. Achte dabei darauf, dass er sein Gewicht gleichmäßig auf alle Pfoten verteilt. Probiere dann, ein Blatt Papier unter den Krallen durch gegen die Ballen zu schieben. Gelingt Dir das nicht, sind die Krallen zu lang, denn eigentlich sollten sie circa 2mm vor dem Boden enden.

Das Krallenschneiden an sich kann von jedem durchgeführt werden. Allerdings empfehle ich, dass Du es Dir beim ersten Mal von einem Tierarzt zeigen lässt. Denn in den Krallen verlaufen sowohl Nerven als auch Blutgefäße, die bei Deinem Hund „Leben" genannt werden. Diese darfst Du auf keinen Fall verletzten, da es für Deinen Vierbeiner sehr schmerzhaft ist und darüber hinaus sehr stark blutet.

Verlasse Dich bitte nie auf den Abstandshalter der Krallenschere, sondern achte selbst genau darauf, wie weit Du schneidest. Ich empfehle immer, dabei mit sehr viel Licht von unten zu arbeiten. Wenn Du genau hinschaust, kannst Du meist sehen, bis wohin das Leben geht. Manchmal hilft es auch, eine Taschenlampe von unten gegen die Kralle zu halten, um das Leben besser zu erkennen.

Beim Krallenschneiden ist es sehr wichtig, dass Dein Hund ruhig liegt und seine Pfote nicht plötzlich wegzieht. Als Tipp kann ich Dir daher nur raten, mache Deinen Airedale Terrier vorher müde, dann steigt die Wahrscheinlichkeit, dass er stillhält. Halte die Pfote auch nicht zu locker. Denke aber auch beim Krallenschneiden daran, es Deinem Hund so angenehm wie möglich zu machen. Verwende auch hier wieder ausgiebig Leckerchen und Streicheleinheiten.

Schneide mit der Schere nur die verhornte Kralle weg. Sobald Du merkst, dass der verhornte Bereich endet, musst Du unbedingt aufhören. Halte die Schere dabei waagerecht und schneide immer im rechten Winkel zur Wachstumsrichtung der Kralle. Schneide auch nicht mehr, als wenige Millimeter auf einmal weg, damit Du nicht zu weit schneidest. Und vergiss am Ende die sogenannte Wolfskralle nicht. Das ist die fünfte Kralle an den Hinterbeinen, die meist rund wächst und nicht den Boden berührt, aber auch sie muss geschnitten werden.

Bleibe bei der ganzen Prozedur ruhig und gib Deinem Hund damit Halt. Überanstrenge ihn nicht und lobe ihn nach vollendeter Tat ausgiebig.

Solltest Du doch einmal das Leben verletzten, dann bleibe ebenfalls ruhig. Es wird durch die starke Blutung deutlich schlimmer aussehen, als es eigentlich ist. Halte ein Wattepad oder eine Kompresse gegen die Wunde gedrückt und warte einige Minuten ab. In der Regel sollte die Blutung bis dahin gestillt sein. Ist dies nicht der Fall, kannst Du auf einen kleinen Hausmitteltrick zurückgreifen. Vermische Mehl mit etwas Wasser, so dass es zu einer dickflüssigen Pampe wird. Halte diese mit dem Wattepad oder der Kompresse erneut für ein paar Minuten auf die Wunde gepresst. Die Pampe wird verklumpen und eine Art Pfropfen auf der Wunde bilden.

Sollte die Blutung dennoch nach circa 20 Minuten noch nicht gestillt sein, solltest Du einen Tierarzt aufsuchen. Ist sie gestillt, legst Du am besten noch einen kleinen Verband an und packst eine alte (aber frisch gewaschene!) Socke um die gesamte Pfote. Fixiere sie beispielsweise mit Klebeband, damit Dein Airedale Terrier sie nicht abbeißen oder -reißen kann. Die Socke soll verhindern, dass die frische Wunde verunreinigt wird und sollte für eine Woche getragen werden. Schaue Dir die Wunde aber täglich an. Solange sich nichts entzündet und sich Dein Hund normal verhält, ist ein Tierarztbesuch meines Erachtens nach nicht notwendig.

Falls Du die Kralle nach dem Schneiden noch Feilen möchtest, damit keine scharfen Kanten bleiben, solltest Du darauf achten, nur in eine Richtung zu feilen. Wenn Du die Feile hin und her bewegst, kannst Du Deinem Airedale Terrier leichte Schmerzen bereiten. Außerdem ist es für die Struktur der Kralle nicht gut – dasselbe gilt übrigens auch für unsere Fingernägel.

Wie gesagt, ist die Krallenpflege nicht schwierig, aber sie erfordert Bedacht, ein sicheres Händchen und ganz viel Ruhe. Da für einen Laien am Anfang schwer zu erkennen ist, wo das Leben beginnt, solltest Du es Dir das erste Mal von einem Profi – sprich Deinem Tierarzt – zeigen lassen. Traust Du es Dir dann zu, kannst Du es von da an selber machen.

**Meine Empfehlung für Dich:**

Außerhalb der Wintermonate kontrolliere ich die Pfoten meiner Hunde tatsächlich eher selten. Durch das Salz, Streugut und Eis habe ich aber tatsächlich schon öfters wunde oder rissige Stellen entdeckt, die ich anschließend mit Vaseline behandelt habe. Auch die vorhin beschriebenen Pfotenschuhe ziehe ich meinen Vierbeinern von Zeit zu Zeit an.

Die Länge der Krallen brauche ich nicht zu untersuchen, da ich es höre, wenn sie zu lang werden. Nachdem ich das Leben eines meiner Hunde einmal durch Unachtsamkeit verletzt habe, überlasse ich es seitdem meinem Tierarzt, sie zu kürzen.

## WAS DU BEI DEINEM AIREDALE TERRIER BESONDERS BEACHTEN MUSST

Wie bereits am Anfang dieses Kapitels beschrieben, hast Du bei Deinem Airedale Terrier teilweise mehr zu beachten als bei anderen Rassen, insbesondere was sein Fell angeht. Abgesehen davon benötigt er aber zum Glück keine zusätzliche Pflege.

Er ist als Arbeitshund gezüchtet worden, der praktisch veranlagt sein muss. Daher wurde bei der Züchtung schon früh Wert darauf gelegt, dass er möglichst wenig Pflege von Menschen benötigt.

Um das Wohlbefinden und auch den Gesundheitszustand Deines Airedale Terriers zu fördern und zu halten, rate ich Dir dennoch, auf die Routineuntersuchungen, die ich Dir in den vorangegangen Unterkapiteln beschrieben habe, nicht zu verzichten. Wahrscheinlich wird es viele Airedale Terrier geben, die auch ohne diese Pflege von ihren Haltern lange und glücklich leben. Aber es gibt auch viele, die still leiden und niemand bemerkt es. Im Interesse Deines Hundes solltest Du diese Zeit, die wirklich kurzgehalten ist, investieren.

Und das Gute daran ist: Nicht nur die Gesundheit Deines Airedale Terriers wird dadurch gesteigert, sondern auch eure Bindung zueinander. Durch die intensive Untersuchung und den hohen Grad an Vertrauen, den Dein Hund Dir damit entgegenbringt, werdet ihr noch enger aneinander geschweißt.

## CHECKLISTE: REGELMÄßIGE PFLEGE

- ☐ Die Augen sind klar und glänzend. Sie weisen keine Rötungen, Schleim oder sonstige Veränderungen auf.
- ☐ Die Haut ist weiß bis grau, nicht gerötet, nicht trocken oder schuppig.
- ☐ Das Fell glänzt und ist dicht. Es liegt außerhalb des Fellwechsels kein vermehrter Haarausfall vor.
- ☐ Die Ohren sind nicht verschmutzt, weisen keine Rötungen oder dunkle Punkte auf und Dein Hund schüttelt nicht ungewöhnlich oft seinen Kopf oder kratzt sich vermehrt am Ohr.
- ☐ Die Zähne weisen keine gelblich-braunen Beläge auf und das Zahnfleisch ist weder gerötet, noch blutet es. Außerdem nimmst Du keinen unangenehmen Mundgeruch wahr.
- ☐ Die Pfoten sind weder rissig noch wund, noch hat sich Dreck zwischen den Ballen angesammelt.

☐ Die Krallen berühren nicht den Boden, wenn Dein Airedale Terrier normal steht.

# CHECKLISTE: PFLEGEUTENSILIEN

- ☐ Krallenzange
- ☐ Zeckenzange
- ☐ Hundeshampoo
- ☐ Bürste (evtl. auch Striegel)
- ☐ Kamm (grob- und feinzahnig und eventuell auch einen Flohkamm)
- ☐ Lotion oder Tropfen zur Ohrenreinigung
- ☐ Fusselfreie Tücher
- ☐ Kamillentee
- ☐ Kauartikel (z.B. Kauspielzeug oder frische Rinderknochen)

# - Kapitel 4 -

# HÄUFIGE ERKRANKUNGEN

Die Gesundheit des Hundes ist vielen Haltern fast wichtiger als die eigene Gesundheit. Geht es dem Tier schlecht, geht es auch dem Menschen schlecht.

Zum Glück leben wir heute in einer Zeit, in der wir selbst für Tiere ein gutes Gesundheitssystem haben. Es gibt ausreichend Medikamente, gute Tierärzte und sogar Kliniken, in denen unsere Vierbeiner hervorragend behandelt werden können.

Denn so wie wir Menschen, leiden auch unsere Hunde während ihres Lebens an zahlreichen Krankheiten. Manche sind gut behandelbar, manche weniger. In manchen Fällen können wir als Halter schon helfen, in anderen ist der Besuch beim Tierarzt oder sogar der Tierklinik unumgänglich.

In diesem Kapitel gebe ich Dir einen kurzen Überblick über die häufigsten Krankheiten, die durch Parasiten ausgelöst werden und über die am häufigsten auftretenden Magen-Darm-Erkrankungen. Du erhältst von mir Hinweise, wie Du diese erkennen kannst und wie Du am besten mit der Erkrankung umgehst. Wichtig ist mir an dieser Stelle aber wieder zu betonen, dass Du bei starkem Befall oder schwerwiegenden Erkrankungen umgehend Deinen Tierarzt kontaktieren musst. Alle Tipps, die Du in diesem Ratgeber erhältst, sind für eher sanfte Verläufe gedacht.

Zusätzlich erhältst Du von mir noch hilfreiche Informationen zu Fieber, Impfungen und Kastration Deines Airedale Terriers sowie zu rassetypischen Erkrankungen.

Das Kapitel schließt mit zwei Checklisten darüber ab, wie Du ein gesundes Hundeleben erkennst und was in Deinem Hunde-Erste-Hilfe-Set enthalten sein sollte.

## BEFALL DURCH PARASITEN

Der Befall durch Parasiten wird von vielen Haltern gefürchtet und das nicht zu Unrecht. Die kleinen Tierchen können bei unseren vierbeinigen Freunden einiges an Schaden verursachen und lassen sich darüber hinaus teilweise auch auf den Menschen übertragen.

Aus diesem Grund stelle ich Dir in diesem Buch die drei häufigsten Parasiten – nämlich Milben, Zecken und Flöhe – genauer vor. Du erfährst von mir, wie die Tierchen vorgehen, was sie bewirken und was Du dagegen unternehmen kannst.

Wichtig ist bei allen Parasiten, sie früh genug zu erkennen, denn dann lässt sich der Schaden noch in Grenzen halten. Werden sie erst spät – sprich bei starkem Befall – erkannt, wird es deutlich aufwendiger, sie wieder los zu werden.

Diese Früherkennung gelingt am besten, wenn Du Dich an die Vorsorge-Untersuchungstipps aus dem vorherigen Kapitel hältst. Kontrollierst Du das Fell Deines Hundes regelmäßig und besonders nach ausgiebigen Spaziergängen auf Wiesen und Feldern, wirst Du einen

Befall sehr wahrscheinlich frühzeitig erkennen und damit hast Du das wichtigste Ziel erreicht.

Außerdem gibt es ein paar Maßnahmen, die Du schon vorbeugend anwenden kannst, damit es gar nicht erst zu einem Befall kommt, aber dazu erfährst Du mehr in den einzelnen Unterkapiteln.

## MILBEN

Milben gehören zur Gattung der Spinnentiere, sind aufgrund ihrer geringen Größe aber oft nur unter dem Mikroskop zu erkennen. Unterschieden werden grundsätzlich drei verschiedene Unterarten, die aufgrund ihrer Mundwerkzeuge abgegrenzt werden.

Die *Nagemilben* befallen gerne den Gehörgang des Hundes und ernähren sich hauptsächlich von Hautschuppen. Dadurch erzeugen sie lokale Hautentzündungen und Juckreiz. Dieser wiederum führt zu einem vermehrten Kratzen, was wiederum Sekundärinfektionen in den Wunden erzeugen kann.

Die *Saugmilben* verfügen über ein rüsselartiges Mundwerkzeug, mit dem sie sowohl Blut, als auch Lymphflüssigkeit ihres Wirtes saugen. Hierdurch entsteht die Gefahr, dass Krankheitserreger auf den Wirt übertragen werden.

Die letzte Gattung sind die *Grabmilben*. Diese „graben" sich buchstäblich durch die äußerste Hautschicht, was zu starkem Juckreiz führt, durch den die Hunde sich häufig selbst verletzen. Bei Hunden spricht man in diesem Fall von Räude, beim Menschen nennen wir es Krätze.

Die größte Gefahr droht Deinem Airedale Terrier wahrscheinlich durch sogenannte Grasmilben, die der Gattung der Saugmilben angehören. Wie der Name vermuten lässt, lauern diese Milben im Gras auf vorbeilaufende Wirte.

Grasmilben sind nur 0,3 Millimeter groß und fallen durch ihren orangefarbenen Körper sehr gut auf. Wenn Du feststellen möchtest, ob auf Deinem heimischen Rasen auch Grasmilben lauern, dann breite im Sommer ein helles oder weißes Tuch auf Deinem Rasen aus. Schon nach kurzer Zeit werden sich lauter kleine orange Punkte darauf versammeln, um ein Sonnenbad zu nehmen.

Bei Deinem Hund befallen sie meist die Stellen, mit denen sie direkt in Kontakt kommen – also die Pfoten (häufig zwischen den Ballen), den Kopf (meist auf dem Nasenrücken), die Ohren, den Bauch und die Brust. Hier suchen sie sich gezielt Stellen mit möglichst dünner Haut, ritzen diese auf und injizieren ein Speichelsekret.

Dieser Speichel ist es, der meist einen sehr starken Juckreiz und in einigen Fällen auch eine sogenannte Milbenallergie verursacht. Am Blut Deines Hundes sind die Grasmilben allerdings nicht interessiert, sondern am Lymphwasser. Befallene Stellen kannst Du gut an einer orangenen Verfärbung der Haut erkennen. Außerdem kannst Du mit einem Flohkamm durch sein Fell gehen. Meist werden Dir schon beim Kämmen die roten Punkte auffallen. Falls nicht, dann klopfe den Kamm auf einem weißen Tuch aus, hier werden die roten Punkte besser sichtbar.

Leider gibt es bisher keine verlässlichen Vorbeugemittel gegen Milbenbefall. Es gibt zwar einige Kombi-Präparate, die gegen Flöhe, Zecken und Milben wirksam sein sollen, doch ihre Wirkung ist hoch umstritten und wird von vielen Experten angezweifelt.

Dennoch bist Du nicht ganz hilflos, ein paar Maßnahmen gibt es, die Du durchaus ergreifen kannst:

- Untersuche Deinen heimischen Rasen. Entdeckst Du dort Grasmilben, dann mähe in deutlich höherer Frequenz und behandle ihn mit einem Brennnesselgemisch. Dieses tötet sehr effektiv die Larven ab. Wichtig ist, dass Du den Rasenschnitt nicht liegen lässt, sondern schnell entsorgst.

- Untersuche Deinen Hund regelmäßig, nachdem er auf Wiesen gespielt hat. Je früher Dir der Milbenbefall auffällt, desto besser. Entdeckst Du einen Befall, dann bürste ihn gründlich mit dem Flohkamm durch und verpasse ihm ein Vollbad. Hier empfiehlt sich ein Kernseife-Wasser-Gemisch oder in besonders akuten Fällen auch ein Olivenöl-Apfelessig-Salzwasser-Gemisch mit einer leichten Alkohollösung. Achte darauf, dass das Wasser dabei immer lauwarm ist und Du Deinen Airedale Terrier danach gründlich abspülst. Beide Bäder helfen außerdem gegen den störenden Juckreiz.
- Reinige nach einem Befall den Boden in Deiner Wohnung gründlich und wasche alle Hundedecken aus. Sauge auch über andere Liegeflächen wie das Sofa.
- Ist Dein Hund häufig und stark mit Milben befallen, solltest Du Deinen Tierarzt um Rat und nach geeigneten (chemischen) Mitteln fragen.

## ZECKEN

Kaum ist der Winter überstanden und es wird warm, beginnt für viele Hundehalter die gefürchtete Zeckenzeit. Zecken zählen ebenfalls zu den Spinnentieren und gehören auch der Unterart der Saugmilben an, wie Du Dir bestimmt schon gedacht hast. Im Gegensatz zu den Grasmilben, die am Lymphwasser Interesse haben, saugen Zecken ausschließlich Blut.

Im Anfangsstadium sind Zecken meist nur so groß wie ein Stecknadelkopf und daher sehr schwer zu sehen oder zu erfühlen. Haben sie allerdings einen Wirt gefunden und sich über mehrere Tage an seinem Blut gelabt, können gerade Weibchen eine Größe von bis zu 3 cm erreichen.

Zecken sind meist an Waldrändern, auf Lichtungen, Wiesen aber auch in Parkanlagen anzutreffen. Sie klettern dort auf hohe Grashalme oder Gebüsche und warten auf ihre nächsten Opfer. Durch ihren besonderen Geruchssinn werden sie frühzeitig auf mögliche Wirte aufmerksam, z.B. indem sie den Schweißgeruch wahrnehmen. Außerdem achten sie sehr genau auf Erschütterungen und eine Veränderung im $CO_2$-Gehalt der Luft, die durch den Atem erzeugt wird. Nimmt die Zecke dadurch ein Opfer wahr, lässt sie sich auf das Opfer fallen und sucht sich auf diesem ein geeignetes Plätzchen. Meist sind dies dünnhäutige aber gut durchblutete Orte, wie der Kopf, die Lendengegend, die Ohren oder der Bauch.

Die meisten Zecken ziehen eine ganz bestimmte Wirtsgruppe allen anderen vor. Das liegt daran, dass sie sich meist genau auf diese Wirte spezialisiert haben und das in ihrem Speichelsekret enthaltene Betäubungsmittel genau auf diesen Wirt angepasst haben.

Von den weltweit 900 bekannten Zeckenarten sind in Deutschland nur rund 20 heimisch. Dein Hund wird allerdings in den meisten Fällen von nur drei Arten befallen: dem Holzbock, der Auwaldzecke und der Braunen Hundezecke.

Die Angst, die viele Menschen Zecken gegenüber haben, ist durchaus berechtigt, denn kein anderer Parasit überträgt so viele Krankheiten wie die Zecke. Zecken übertragen mit ihrem Speichel Bakterien, die z.B. Borreliose auslösen können und sie übertragen Viren, die zu Frühsommer-Meningoenzephalitis (FSME) führen können. Außerdem übertragen sie andere Parasiten wie z.B. die Babesiose und sie übertragen Toxine.

Zwar verlaufen nicht alle dieser Krankheiten tödlich, aber sie können das Leben Deines Hundes sehr stark beeinträchtigen. Aus diesem Grund ist es wichtig, einen Zeckenbiss möglichst zu verhindern und wenn es dazu gekommen ist, ihn früh zu erkennen und die Zecke sicher zu entfernen.

Doch was genau passiert eigentlich bei einem Zeckenbiss?

Hat die Zecken einen geeigneten Ort gefunden, ritzt sie die Haut Deines Hundes mit ihrem Mundwerkzeug auf und sticht mit ihrem Saugrüssel in die Wunde. Dabei saugt sie das Blut auf und sondert gleichzeitig ein Sekret ab. Dieses dient zum einen als Betäubungsmittel, damit der Stich unbemerkt bleibt. Zum anderen enthält es einen Entzündungshemmer, der das Immunsystem des Wirtes blockiert und darüber hinaus noch einen Gerinnungshemmer, der dazu führt, dass sich die Wunde nicht verschließt und das Blut weiter fließt.

Während ihrer Mahlzeit scheidet die Zecke unverdaute Blutreste durch ihren Darm in die Wunde ihres Wirtes aus, was zur Übertragung der vorhin genannten Krankheitserreger führt.

Leider gibt es gegen viele dieser Krankheiten noch keinen umfassenden Impfschutz, daher ist die Vorbeugung eine der wichtigsten Maßnahmen, die Du ergreifen solltest.

Eines der bewährtesten Mittel sind die Zeckenhalsbänder. Zu den bekanntesten zählen hier die Scalibor Halsbänder mit dem Wirkstoff Deltamethrin und die Preventic Halsbänder mit dem Wirkstoff Amitraz. Beide Halsbänder wirken für die Zecken neurotoxisch und geben ihre Wirkstoffe kontinuierlich in die Fettschicht der Haut ab. Damit ihre Wirkung sich vollends entfaltet, benötigen sie circa eine Woche, dafür halten sie aber auch vier bis sechs Monate an.

Der große Vorteil dieser Halsbänder ist, dass die toxische Wirkung nur nach und nach auf den Hundekörper übertragen wird und er somit geschont wird. Bei Unverträglichkeit oder Nebenwirkungen kannst Du das Halsband schnell entfernen. Auch zum

Baden solltest Du es Deinem Hund abnehmen, denn der Wirkstoff kann auch für Wassertiere toxisch sein.

Deutlich schneller wirken sogenannte Spot-on Präparate, die Du auf den Nacken Deines Hundes träufelst. Auch diese Präparate halten im Schnitt bis zu vier Monate an. Der Nachteil ist allerdings, dass Dein Hund auf einmal mit der ganzen toxischen Wirkung der Mittel konfrontiert wird. Treten Unverträglichkeiten oder Nebenwirkungen auf, kannst Du meist keine Gegenmaßnahmen ergreifen.

Der Nachteil von beiden Lösungen ist, dass es sich bei beiden um Nervengift handelt. Entscheide selbst, ob Du Deinen Hund und auch Dich selbst diesem Gift aussetzen möchtest. Durch Streicheln wirst nämlich auch Du in geringem Maße mit dem Nervengift in Berührung kommen. Ein umsichtiger Umgang mit den Mitteln ist daher sehr wichtig. Einige Präparate sind außerdem für Katzen hochgiftig. Lebt in Deinem Haushalt daher neben Deinem Airedale Terrier noch eine Katze, solltest Du unbedingt die Packungsbeilage gründlich lesen oder – was ich auch jedem anderen Halter empfehle – vorab mit Deinem Tierarzt Rücksprache halten.

Die oft verbreiteten Bernsteinketten sind im Einsatz vollkommen unbedenklich und harmlos. Das gilt sowohl für Deinen Hund als auch für die Zecken. Es ist wissenschaftlich nicht nachgewiesen, dass sie eine Wirkung auf diese ausüben.

Das oft gelobte Hausmittel Knoblauch, mit dem Du Deinen Hund einreiben sollst, ist ebenfalls vollkommen wirkungslos. Dasselbe gilt für Duftöle oder Lavendel- oder Zitronenanwendungen.

Vielversprechend scheint das Naturmittel Bogacare zu sein, das Du sowohl als Halsband, als auch als Spot-On Präparat erhalten kannst. Allerdings sind die Tests hier noch in den Anfängen.

Sollte es trotz der Vorbeugemaßnahmen zu einem Zeckenbiss kommen, ist es wichtig, dass Du die Zecke schnell entfernst. Ob Du dazu eine Zeckenzange, eine Zeckenkarte, ein Zeckenlasso, eine Zeckenpinzette oder eine ganz normale Haushaltspinzette verwendest, ist egal. Nutze das Werkzeug, mit dem Du Dich am wohlsten fühlst, denn alle funktionieren sehr gut.

Ich persönlich präferiere die Zeckenzange und werde Dir daher jetzt beschreiben, wie Du mit dieser am besten eine Zecke entfernst:

- Als erstes legst Du die Zecke frei, indem Du das Fell an der betroffenen Stelle beiseite schiebst.
- Setze jetzt die Zange (oder ein anderes Werkzeug Deiner Wahl) so dicht wie möglich an der Haut auf und umfasse die Zecke.
- Ziehe die Zecke jetzt zügig aber auf keinen Fall ruckartig raus. Zecken haben kein Gewinde, daher solltest Du sie beim rausziehen nicht drehen.
- Im Optimalfall entfernst Du den gesamten Stechapparat der Zecke. Sollte es Dir nicht gelingen, ist das kein Grund zur Panik. Probiere nicht, ihn noch irgendwie zu entfernen, damit wirst Du meist nur noch mehr Schaden anrichten. Lasse ihn stecken, er wird nach einer Weile automatisch abgestoßen.

- Vernichte jetzt die Zecke. Dazu solltest Du sie verbrennen, zerquetschen (ich empfehle dies nur draußen zu tun und zwischen Taschentüchern) oder in Alkohol zersetzen. Du solltest sie auf keinem Fall lebend im Hausmüll entsorgen oder in der Toilette herunterspülen, denn Zecken sind sehr zähe kleine Tierchen.
- **No-Go:** Verwende bei der Entfernung der Zecke auf keinen Fall Hilfsmittel wie Nagellackentferner, Alkohol, Öl, Feuer oder Klebstoff. Wenn Du die Zecke damit beträufelst, löst Du bei ihr nur unnötigen Stress aus. Der Stress führt meist dazu, dass die Zecke in die Wunde erbricht und damit noch mehr Krankheitserreger in die Blutbahn Deines Hundes abgibt. Außerdem läufst Du Gefahr, Deinen Hund mit diesen Mitteln ebenfalls zu verletzten, insbesondere bei der Anwendung von Feuer!

Abschließend möchte ich nochmal betonen, dass das beste Mittel gegen Erkrankungen durch Zeckenbisse die regelmäßige Fellkontrolle ist. Es gibt momentan kein Mittel auf dem Markt, das ich uneingeschränkt empfehlen kann, da alle ihre Nebenwirkungen haben oder die Wirksamkeit umstritten ist. Je früher Du die Zecken daher entfernst, desto weniger Zeit hatte sie, Krankheitserreger zu übertragen. Es führt aber auch nicht jeder Zeckenbiss zu einer Folgeerkrankung. Den FSME-Virus tragen beispielsweise nur 0,1 bis 5% der Zecken in sich.

Doch was machst Du, wenn Dein Hund erkrankt? Zeigt Dein Airedale Terrier nach einem Zeckenbiss Symptome wie Fieber, Abgeschlagenheit oder Erbrechen, solltest Du unbedingt Deinen Tierarzt aufsuchen. Diese Symptome können auch noch bis zu drei Wochen nach dem Biss auftreten, da die Inkubationszeit teilweise so lange anhält. Nur Dein Tierarzt kann abklären, ob sich Dein Hund eventuell eine der von Zecken übertragbaren Krankheiten eingefangen hat. Um dem Tierarzt möglichst genaue Informationen zu liefern, notiere ich mir immer, wann ich die Zecke entdeckt und entfernt habe und mache auch noch ein Foto von der Zecke. So kann der Tierarzt schneller feststellen, um welche Zeckenart es sich handelt und schon vorab ein paar Krankheiten ausschließen.

Außerdem solltest Du in der ersten Woche regelmäßig untersuchen, ob der Biss ordentlich verheilt und sich nicht entzündet. In den meisten Fällen kann ich Dir aus eigener Erfahrung sagen, dass ein Zeckenbiss problemlos und ohne Folgen verheilt. Verfalle daher nicht in Panik, sondern bleibe ruhig und entferne sie vorsichtig.

## FLÖHE

Flöhe gehören ebenfalls zu den Insekten und sind wahre Überlebenskünstler. Ihr natürlicher Lebensraum sind zwar Wiesen und Büsche, doch fühlen sie sich auch in beheizten Wohnungen sehr wohl und überleben dort ganzjährig. Ähnlich wie Zecken und Milben warten auch die Flöhe darauf, dass ein passender Wirt vorbei kommt und springen auf diesen. Obwohl sie nur eine Größe von 3 mm erreichen, springen sie bis zu 1 m weit und dabei bis zu 25 cm hoch – eine beachtliche Entfernung für diese kleinen Tierchen.

Weltweit gibt es übrigens tausende verschiedene Floharten – doch der deutsche Haushund wird meist nur von einer Art befallen: dem Katzenfloh. Dessen Lieblingswirte sind Katzen und Hunde. Sind diese jedoch nicht vorhanden oder ist der Befall besonders stark, gehen sie auch problemlos auf den Menschen über.

Entgegen häufiger Vermutungen hat ein Flohbefall nichts mit mangelnder Hygiene zu tun. Die meisten Haushunde infizieren sich durch den Kontakt mit anderen Hunden oder durch Wildtiere – wie beispielsweise Igeln – mit den Flöhen und bringen sie mit in die

Wohnungen, wo sich der Befall meist rasant ausbreitet. Ein Flohweibchen fängt schon nach der ersten Blutmahlzeit an, Eier zu legen und legt davon bis zu 50 Stück am Tag. Die Eier fallen aus dem Fell des Hundes und liegen im Gras, Teppich oder auf anderen Wohntextilien, bis nach circa einer Woche die Larven schlüpfen. Diese verkriechen sich in kleinen Ritzen und sind nach weiteren 10 Tagen bereit, sich ebenfalls einen Wirt zu suchen. In der Zwischenzeit kann ein einzelner weiblicher Floh aber schon bis zu 850 weitere Eier gelegt haben.

Das A und O beim Flohbefall ist daher, dass Du ihn frühzeitig erkennst, damit es nicht zu einer wahren Invasion an Flöhen kommt. Doch wie bemerkst Du einen Flohbefall?

Das erste Anzeichen ist natürlich immer das vermehrte Kratzen Deines Hundes, denn durch den Speichel der Flöhe wird ein starker Juckreiz verursacht. Manche Hunde probieren auch, sich die Flöhe aus dem Fell zu beißen, wobei sie sich häufig selbst verletzten. Allerdings kratzt sich nicht jeder Hund häufig genug, damit es Dir gleich von Anfang an auffällt. Auch kann der Juckreiz bei einem leichten Anfangsbefall noch recht gering sein, doch in der Zwischenzeit sammeln sich massenweise Eier auf Deinem Teppich, Deinem Sofa, Deinen Kissen und vielen anderen Orten in Deiner Wohnung.

Um einen Flohbefall frühzeitig zu erkennen, habe ich mir angewöhnt, bei meiner täglichen Fellpflege darauf zu achten. Zusätzlich zur normalen Bürste habe ich auch immer einen Flohkamm bereit. Dieser ist ein besonders feiner und engmaschiger Spezialkamm, mit dem ich gegen die Wuchsrichtung durchs Hundefell kämme. Ich klopfe den Kamm anschließend auf einem feuchten Küchenpapier aus und schaue mir genau an, was ich sehe. Sind kleine schwarz-braune Punkte dabei, zerdrücke ich diese vorsichtig. Verfärben sich die Punkte rostbraun bis rötlich, dann handelt es sich dabei sehr wahrscheinlich um Flohkot (verdautes Blut). Verfärbt sich der Punkt nicht, handelt es sich wahrscheinlich um normalen Dreck.

Diesen Schnelltest führe ich an ein paar unterschiedlichen Stellen aus und erhalte so ein recht gutes Bild darüber, ob mein Hund befallen ist oder nicht.

Stellst Du mit dieser Untersuchung den Befall Deines Hundes fest, ist schneller Handlungsbedarf gefragt. Denn Du kannst davon ausgehen, dass sich nur 5% der Flöhe zu diesem Zeitpunkt auf Deinem Hund befinden, die restlichen 95% verteilen sich als Flöhe, Larven und Eier auf seine direkte Umgebung. Daher ist bei einem Flohbefall nicht nur die Behandlung Deines Hundes, sondern auch die Pflege der kompletten Hundeumgebung ein absolutes Muss. Larven können bis zu 6 Monate ohne Nahrung in einer Sofaritze überleben und nur darauf warten, wieder auf einen Wirt zu springen.

Du solltest Dich daher auf keinen Fall einfach nur auf Präparate wie Halsbänder oder Spot-On Mittel verlassen, die eigentlich zur Vorbeugung gedacht sind. Sie werden lediglich dafür sorgen, dass die Flöhe von Deinem Hund Abstand nehmen und in sicherer Umgebung darauf warten, ihn wieder befallen zu können. Oder im schlimmsten Fall nehmen sie mit Dir als Ersatzwirt vorlieb.

Dass dies nicht zielführend ist, brauche ich nicht weiter zu erwähnen. Doch wie gehst Du richtig mit einem Flohbefall um? Ich rate Dir zu folgenden drei Schritten:

1. **Abtötung der Flöhe auf Deinem Airedale Terrier**

   Kontaktiere umgehend Deinen Tierarzt und bespreche mit ihm den richtigen

Einsatz von Präparaten. Zum einen benötigst Du ein Insektizid (meist in Form von Shampoos, Sprays oder Pulver), das die erwachsenen Flöhe abtötet. Da dieses Mittel alleine nicht alle Flöhe töten wird, benötigst Du als Ergänzung noch einen Entwicklungshemmer. Damit beide Mittel ihre volle Wirkung entfalten, müssen sie in festgelegten Intervallen wiederholt angewendet werden. Die genaue Dosierung und die Intervalle solltest Du unbedingt mit Deinem Tierarzt abklären, denn es handelt sich hierbei um giftige Mittel. Gegebenenfalls müssen auch noch andere in Deinem Haushalt lebende Tiere in die Behandlung miteinbezogen werden. Außerdem können wie bei den Zeckenmitteln auch manche Flohmittel für Katzen tödlich sein. Dein Tierarzt wird darüber genauestens Bescheid wissen und Dich optimal beraten.

## 2. Eliminierung der Flohbrut in der Umgebung

Nachdem Du Dich um die Flöhe auf Deinem Hund gekümmert hast, sagst Du den Flöhen, Eiern und Larven in der Umgebung Deines Hundes den Kampf an.

Wische täglich alle Fußböden (inklusive der Ecken) feucht durch und sauge alle Teppiche, Polster und Möbelstücke ab. Anschließend solltest Du den Staubbeutel unbedingt entsorgen und eventuell noch mit Antiflohpulver versetzten.

Wasche alle Hundedecken, Auflagen, Kissen und Bezüge mehrfach bei mindestens 60 Grad. Greife gegebenenfalls auf eine chemische Reinigung zurück (beispielsweise bei Sofabezügen oder Teppichen). Denke dabei auch an alle Stofftiere Deines Hundes.

Wasche alle Textilien ebenfalls bei mindestens 60 Grad.

Behandle alle Liegeflächen Deines Hundes und alle seine Textilien mit einem speziellen Antiflohpulver oder einem Umgebungsspray. Lasse Dich bezüglich der Anwendung unbedingt von Deinem Tierarzt beraten. Bespreche mit ihm auch den möglichen Einsatz von sogenannten Foggern, das sind Raumsprays, die Flöhe, Eier und Larven töten.

Denke bei all diesen Aktionen auch an Garagen, Abstellräume und Autos und alle weiteren Räume, in denen sich Dein Hund in letzter Zeit aufgehalten hat. Auch sie müssen alle gründlich gereinigt werden.

So schwer und unmöglich es klingen mag, musst Du dies mindestens 3 Monate durchhalten, damit Du Dir sicher sein kannst, alle Eier und Larven erwischt zu haben. Hast Du das nicht, ist ein erneuter Flohbefall vorprogrammiert.

**3. Ergreife vorbeugende Maßnahmen**

Parallel zur Flohkur empfehle ich die Gabe spezieller Antiparasitika, damit sich die aufwendigen und durchaus kostspieligen

Maßnahmen zur Bekämpfung des Flohbefalls auch wirklich für Dich lohnen. Bespreche mit Deinem Tierarzt, was für Deinen Hund passend ist. Ich präferiere persönlich repellierende Antiparasitika, durch die der Floh gar nicht erst zum Beißen kommt. Da es sich aber auch hierbei um giftige Pestizilde handelt, solltest Du unbedingt Deinen Tierarzt fragen, damit es für Deinen Airedale Terrier schnell wirksam, aber auch möglichst schonend ist.

Ich hatte bisher in all den Jahren, in denen ich mit Hunden zusammenlebe, das Glück, keinen Flohbefall zu erleben, wofür ich sehr dankbar bin. Von Betroffenen weiß ich allerdings aus erster Hand, wie anstrengend die Bekämpfung für Mensch und Tier werden kann. Alle, die ich kenne und die einen Rückfall hatten, gaben an, dass sie sich nicht zu 100% an die Maßnahmen gehalten haben. Daher kann ich Dir nur empfehlen: Sollte es zum Flohbefall kommen, beiße die Zähne zusammen und halte die 3 Monate zu 100% durch, sonst stehst Du nach kurzer Zeit erneut vor dem Problem!

# MAGEN-DARM-ERKRANKUNGEN

Wie wir Menschen kann auch Dein Hund an Magen-Darm Problemen erkranken. In diesem Kapitel bespreche ich mit Dir die vier häufigsten Magen-Darm-Probleme, die bei Haushunden heutzutage auftreten.

Manche Halter sind sich nicht immer bewusst, dass sie ihren Hund einer vermeidbaren Gefahr aussetzen und das möchte ich ändern. Manchmal sind es Kleinigkeiten, die Du beachten kannst, um Deinem Airedale Terrier ein gesünderes Leben zu verschaffen.

Was genau Du machen kannst, erfährst Du auf den nachfolgenden Seiten.

## MAGENDREHUNG

Bei der Magendrehung handelt es sich um eine der gefürchtesten Hundeerkrankungen, da sie unbehandelt (und das heißt in diesem Fall unoperiert) sehr schnell zum Tod des Hundes führt.

Den Namen der Krankheit haben zwar die meisten Hundehalter schon gehört, was sie auslöst, woran sie zu erkennen ist und was zu unternehmen ist, wissen jedoch nur die wenigsten.

Am häufigsten betroffen von einer Magendrehung sind große Rassen, zu denen auch Dein Airedale Terrier gehört. Aber auch kleinere Rassen können von ihr betroffen sein. Außerdem sind besonders häufig Senioren und Rüden betroffen.

Wie der Name vermuten lässt, handelt es sich bei einer Magendrehung um eine komplette Drehung des Magens. Dabei werden sowohl der Darmeingang, die Speiseröhre sowie die Blutgefäße komplett verschlossen. Tritt dies ein, sind keine Erste-Hilfe-Maßnahmen möglich. Das einzige, dass Deinem Hund jetzt noch hilft, ist das schnellstmögliche Aufsuchen eines Tierarztes oder noch besser einer Tierklinik. Denn die einzige Behandlungsmöglichkeit bei einer

Magendrehung ist die Operation und diese muss so schnell wie möglich durchgeführt werden.

Wenn Du nachfolgende Symptome an Deinem Airedale Terrier wahrnimmst, solltest Du unbedingt handeln:

- Dein Hund hat einen aufgeblähten Bauch. Im späteren Stadium wird er sogar trommelähnlich.
- Dein Hund ist überaus unruhig.
- Er verweigert die Futteraufnahme.
- Er zeigt einen vermehrten Speichelfluss.
- Er probiert mehrfach zu erbrechen, aber ohne Erfolg.

Zum Glück gibt es aber auch ein paar Möglichkeiten, um einer Magendrehung vorzubeugen. Hier sind ein paar Beispiele:

- Teile das Futter auf mehrere Portionen auf und verfüttere nicht einmal täglich die gesamte Futtermenge.
- Vermeide unbedingt Spielen und Toben direkt nach der Nahrungsaufnahme. Dein

Hund sollte sich für mindestens 30 Minuten ruhig verhalten.

Wenn Du Dich an diese beiden Tipps hältst, ist die Wahrscheinlichkeit eher gering, dass Du jemals mit einer Magendrehung Deines Airedale Terriers konfrontiert wirst.

## DURCHFALL

Durchfall bedeutet beim Hund wie beim Menschen, dass eine erhöhte Häufigkeit an Stuhlgang anfällt und dessen Konsistenz meist weich bis flüssig ist.

Als Symptom für eine Krankheit ist es recht unspezifisch, da es bei vielen teilweise auch ernsthaften Krankheiten auftritt. In den meisten Fällen handelt es sich allerdings um harmlose Fälle, die in wenigen Tagen wieder verschwinden.

Ursachen hierfür können sein, dass Dein Hund einfach zu schnell oder zu viel gefressen hat, dass er sein Futter nicht vertragen hat oder dass er als sensibles Wesen auf Stress, Aufregung oder veränderte Lebensumstände reagiert.

Die größte Gefahr bei Durchfall liegt in der Austrocknung Deines Hundes, daher solltest Du zuallererst darauf achten, dass die Wassernäpfe immer gut gefüllt sind.

Als zweiten Schritt empfehle ich Dir, Deinen Hund für einen Tag (mindestens 24 Stunden) fasten zu lassen und ihm wirklich nichts zu verfüttern – auch keine Leckerchen! Das gibt dem Darm Deines Hundes Zeit, sich zu erholen. Beginne am Folgetag mit einer kleinen Portion Schonkost. Ich empfehle hier immer gekochten Reis mit gekochtem Hühnerfleisch (wichtig: ohne Knochen!) und Hüttenkäse. Die meisten Hunde essen das sehr gerne, sollte Dein Hund nicht so begeistert sein, kannst Du beim Reis Kochen etwas Gemüse- oder Fleischbrühe für den Geschmack verwenden, aber nicht zu viel, sonst wird es zu stark gewürzt.

Die Essensportion kannst Du an den Folgetagen langsam steigern und wenn sich der Durchfall erledigt hat, wieder schrittweise auf sein normales Futter übergehen. Verringere dabei den Anteil an Schonkost und erhöhe den Anteil an seinem normalen Futter.

Deinen Tierarzt solltest Du kontaktieren, wenn der Durchfall nach zwei Tagen nicht verschwindet oder er mit Blut vermischt ist. Treten zusätzlich noch weitere Symptome wie Erbrechen oder Fieber auf, solltest Du ebenfalls Deinen Tierarzt aufsuchen. Auch bei Welpen besteht erhöhte Gefahr, denn bei Ihnen kann die Austrocknung schnell lebensgefährliche Ausmaße annehmen. Behalte Deinen Welpen daher genau im Auge und kontaktiere eventuell schon früher Deinen Tierarzt, insbesondere wenn Dein Hund lethargisch wird. Verhält er sich jedoch weiterhin normal, frisst und will spielen, besteht meist kein Grund zur Sorge.

Was Du auf jeden Fall vermeiden solltest, ist die Verabreichung von Arzneien, die für den Menschen gedacht sind. Viele von ihnen können starke Nebenwirkungen verursachen oder sogar tödlich sein. Wenn Du ihm unbedingt etwas verabreichen willst, dann frage in Deiner Apotheke nach Probiotika oder Elektrolyten, die auch für Hunde geeignet sind. Verwende aber auch hier keine Mittel, die Du für Dich gekauft hast.

WÜRMER

Jeder Hund, der artgerecht gehalten wird, der Spielen und Schnüffeln darf, der Gassi geführt wird und auf Wiesen und Felder laufen darf, wird früher oder später mit Würmern in Berührung kommen – das ist unausweichlich.

Durch all diese Aktivitäten kommen Hunde mit den Ausscheidungen anderer Hunde und Tiere in Berührung. Sie nehmen dabei die Eier über die Nase und den Mund auf. Wichtig für Dich zu wissen ist, dass auch Du die Würmer über Deinen Hund aufnehmen kannst. Durch Streicheln oder auch Ablecken der Hände, kannst auch Du mit den Eiern in Verbindung geraten und Dich ebenfalls infizieren.

Bei Deinem Airedale Terrier treten die Symptome eines Wurmbefalls meist erst recht spät auf. Dazu gehören Durchfall, Appetitlosigkeit und Juckreiz am Anus. Dieser macht sich meist durch das sogenannte „Schlittenfahren“ bemerkbar, sprich wenn Dein Hund sitzend mit dem Hintern über die Wiese rutscht.

Ist Dein Hund mit Würmern befallen, ist eine Wurmkur unumgänglich. Dabei handelt es sich um ein chemisches Mittel, dass Du ausschließlich über Deinen Tierarzt erhältst, da es verschreibungspflichtig ist. Die

Anzahl und Wiederholung der Wurmkurtabletten hängen sowohl vom Präparat, der Schwere des Wurmbefalls und auch dem Körpergewicht Deines Hundes ab. Halte Dich daher genau an die Vorgaben Deines Tierarztes.

Die heutigen Wurmkuren sind zum Glück deutlich weniger belastend für den Hundekörper, als die vor ein paar Jahren. Die meisten Hunde sind fast frei von für den Menschen erkennbaren Nebenwirkungen. Was aber auf jeden Fall betroffen sein wird, ist die Darmflora Deines Hundes, denn diese wird durch die Mittel stark in Mitleidenschaft gezogen.

Eine Prophylaxe oder einen Impfstoff gegen Wurmbefall gibt es bislang nicht. Das hat zur Folge, dass Dein Hund bereits 24 Stunden nach erfolgreich abgeschlossener Wurmkur wieder anfällig für einen neuen Wurmbefall ist.

Viele Tierärzte empfehlen daher, den Hund regelmäßig – sprich alle drei bis vier Monate – prophylaktisch zu entwurmen, damit die Parasiten keine Chance haben, auch wenn die Symptome noch nicht sichtbar sind.

Diese Empfehlung ist jedoch umstritten. Denn die Pharmakonzerne haben bis jetzt noch keine Langzeitstudien über die regelmäßige Anwendung ihrer Präparate unternommen. Was genau also die regelmäßige Anwendung bei Deinem Hund dauerhaft bewirkt, ist nicht geklärt.

Wenn Du Deinem Hund die lebenslange Einnahme von Wurmkurtabletten ersparen möchtest, gleichzeitig aber auch sicher gehen willst, dass er nicht an Würmern erkrankt, gibt es noch eine wirkungsvolle Alternative: Die Kotanalyse.

Sammle hierfür an drei aufeinander folgenden Tagen eine Kotprobe Deines Hundes. Eine einzelne Kotprobe reicht eventuell nicht aus, da Wurmeier nicht bei jedem Stuhlgang ausgeschieden werden. Reiche diese Kotprobe bei einem tiermedizinischem Labor oder Deinem Tierarzt ein und lasse sie auf Parasitenbefall analysieren. Ist Dein Hund befallen, ist die Wurmkur unumgänglich. Ist er nicht befallen, kannst Du beruhigt sein und die Analyse, wenn Du willst, in einem regelmäßigen Abstand von ebenfalls drei bis vier Monaten wiederholen.

Diese Variante ist zwar etwas aufwendiger und verlangt auch deutlich mehr Überwindung von einem

Hundehalter ab, aber sie ist auch viel schonender für Deinen Hund. Eine Analyse kostet zwischen 15 und 30 Euro und bedeutet für Deinen Airedale Terrier die Vermeidung unnötiger medikamentöser Behandlungen.

Entscheide selbst, was Dir am liebsten ist. Entweder behandelst Du Deinen Hund immer erst, wenn ein akuter Befall mit Symptomen vorliegt oder Du verabreichst ihm prophylaktisch regelmäßig die Tabletten oder als dritte Variante lässt Du seinen Kot regelmäßig auf Parasiten untersuchen.

## GIFTIGE UND PROBLEMATISCHE SUBSTANZEN

Wusstest Du, dass es viele Lebensmittel gibt, die von uns Menschen bedenkenlos gegessen werden können, die für Deinen Airedale Terrier aber gefährlich bis hin zu tödlich sein können?

Die nachfolgenden Lebensmittel solltest Du Deinem Hund daher niemals verfüttern, denn sie können lebensgefährlich für ihn sein:

- **Avocado**: Beim Fressen können Hunde den Kern verschlucken und daran ersticken. Auch das Fruchtfleisch ist bei Experten stark umstritten, die genaue Gefahr wurde jedoch noch nicht wissenschaftlich bewiesen.
- **Zwiebeln**: Die in den Zwiebeln enthaltenen Schwefelstoffe zerstören die roten Blutkörperchen Deines Hundes. Gebe ihm daher niemals Essensreste von Dir, in denen Zwiebeln enthalten sind. Dabei ist es egal, ob diese roh, gekocht oder getrocknet sind.
- **Schokolade & Kakao**: Kakao und damit auch Schokolade enthält das für Hunde

giftige Theobromin. Je dunkler die Schokolade, desto größer ist der Kakaoanteil und desto giftiger ist die Schokolade.

- **Steinobst**: Hier besteht durch die Kerne wieder die Gefahr des Verschluckens. Durch die meist scharfkantigen Kerne kann es zu Verletzungen der Speiseröhre sowie der Magen- und Darmschleimhaut kommen. Auch ein Darmverschluss kann nicht ausgeschlossen werden. Zerbeißt Dein Hund die Kerne, wird die darin enthaltene Blausäure freigesetzt, die auch für den Menschen giftig ist.

- **Trauben & Rosinen**: Die in Trauben und Rosinen enthaltene Oxalsäure kann zu tödlichem Nierenversagen führen.

- **Rohes Schweinefleisch**: Das für den Menschen ungefährliche Aujeszky-Virus, dass im rohen Schweinefleisch enthalten sein kann, ist für Hunde unheilbar und endet immer tödlich.

- **Alkohol**: Eigentlich selbstverständlich kann Alkohol bei Hunden zu Leber- und Nierenversagen führen.

- **Koffein**: Methylxanthin ist im Koffein enthalten und kann sich fatal auf das Nervensystem Deines Hundes auswirken. Kaffee und Tee sind daher Tabu.

Nachfolgende Lebensmittel sind zwar meist nicht tödlich, aber dennoch giftig für Deinen Vierbeiner und können zu ernsthaften Problemen führen:

- **Speck**: Besonders fetthaltige Speisen wie Speck oder Geflügelhaut verursachen Stoffwechselerkrankungen und können sowohl die Nieren als auch die Bauchspeicheldrüse in Mitleidenschaft ziehen.

- **Geflügelknochen**: Hunde sollten niemals Geflügelknochen von Dir bekommen, dabei ist es egal, ob sie roh oder gekocht sind. Die dünnen Knochen splittern schnell und können im Hals stecken bleiben.

- **Rohe Bohnen**: Das in Bohnen enthaltene Toxin Phasin hemmt die Proteinbiosynthese und kann die roten Blutkörperchen verkleben. Bohnen sollten daher nur gekocht verfüttert werden.

- **Rohe Nachtschattengewächse**: Rohe Kartoffeln, Tomaten oder Auberginen sollten niemals an Deinen Hund verfüttert werden, sie können zu Durchfall, Erbrechen und Störungen der Gehirnfunktionen führen. Besonders gefährlich ist dabei die Schale. Gekocht sind sie aber unproblematisch.
- **Milch**: Da viele Hunde laktoseintolerant sind, solltest Du ihnen keine Milch, die Laktose enthält, servieren.
- **Salz**: Salz kann bei Deinem Hund zu Nierenproblemen führen.

Das war jetzt ein Überblick über die häufigsten und gefährlichsten Substanzen für Deinen Hund. Solltest Du merken, dass Dein Airedale Terrier auch andere Nahrung nicht verträgt, solltest Du ihm diese nicht weiter verfüttern.

# KREBSERKRANKUNGEN

Aktuellen Studien zufolge erkrankt jeder vierte Hund im Laufe seines Lebens an einem Tumor. Jeder zweite Hund über 10 Jahre stirbt sogar an Krebs. Damit gehören Krebserkrankungen unangefochten zur häufigsten Todesursache beim Hund.

Was genau diese Häufung verursacht, ob es an den Folgen des Zusammenlebens mit uns Menschen liegt, der erhöhten Lebenserwartung, Überzüchtung oder einfach einer verbesserten und intensiveren Veterinärmedizin, ist bisher ungeklärt. Was bisher jedoch festgestellt werden konnte, ist, dass manche Rassen deutlich häufiger an Krebs erkranken als andere. Experten sprechen in diesem Fall von einer genetischen Prädisposition. Dein Airedale Terrier zählt zum Glück nicht zu diesen Rassen, aber dennoch sind Krebserkrankungen auch hier nicht unwahrscheinlich.

Zum Glück gibt es heute viele Therapiemöglichkeiten, die die Lebenserwartung betroffener Hunde deutlich erhöhen können. So kann der Tumor operativ entfernt werden oder das Wachstum wird durch Strahlen- oder Chemotherapie gehemmt. Auch Radio- und Immuntherapien sind heute eine Möglichkeit, um das Leben

Deines Airedale Terriers zu verlängern oder gar zu retten.

Halter sollten bei allen Eingriffen und Möglichkeiten aber immer abwägen, ob sie dadurch nicht nur die Lebensdauer, sondern auch die Lebensqualität des Hundes erhöhen. Das Leben durch operative Eingriffe oder Medikamente zu verlängern, wenn es für den Hund nicht mehr lebenswert ist, hilft zwar dem Menschen, aber nicht immer dem Tier. So schwer es manchmal ist, sollte ein Halter in der Lage sein, die richtige Entscheidung für sein Tier zu treffen.

Besser als eine Therapie ist auf jeden Fall die richtige Vorsorge. Doch wie genau diese aussieht, wird stark diskutiert. Keine Relation konnten Tierärzte durch eine Kastration herstellen. Kastrierte Tiere erkranken genauso häufig wie ihre „intakten“ Artgenossen. Einzig in Bezug auf das Alter konnte eine deutliche Relation festgestellt werden. Ältere Hunde erkranken deutlich häufiger als junge.

Die richtige Ernährung wird ebenfalls häufig in Verbindung mit einer Krebsvorsorge ins Spiel gebracht – wissenschaftliche Beweise hierzu wurden bisher leider nicht erbracht. Aus diesem Grund kann ich Dir leider im Moment noch keine wirklich erfolgreiche Vorsorge empfehlen.

Was ich Dir allerdings als Tipps mitgeben kann, ist wie Du auf eine Krebserkrankung frühzeitig aufmerksam werden kannst. Die frühzeitige Erkennung ist überaus wichtig, denn beim Hund streut der Tumor sehr schnell und daher zählt jede Minute im übertragenen Sinne, um die Heilungschancen zu verbessern.

Hier sind die häufigsten Anzeichen dafür, dass Dein Airedale Terrier eventuell einen Tumor hat:

- **Knoten auf oder unter der Haut:** Achte bei den täglichen Streicheleinheiten darauf, ob Du Verhärtungen, Knoten oder Beulen auf oder unter der Haut Deines Airedale Terriers spürst. Diese können an jeder beliebigen Stelle des Körpers auftreten.
- **Appetitlosigkeit und ungewöhnlicher Gewichtsverlust:** Appetitlosigkeit muss nicht unbedingt ein direktes Anzeichen für einen Tumor sein. Hält das Verhalten länger an, solltest Du es aber unbedingt abklären lassen. Nimmt Dein Hund plötzlich ab, ohne dass sich sein Fressverhalten verändert hat,

besteht definitiv Grund zur Sorge. Einige bösartige Tumore verändern nämlich den Stoffwechsel Deines Airedale Terriers.

- **Häufige Durchfälle, blutiges Erbrechen und blutiger Durchfall:** Bei diesen Symptomen solltest Du Deinen Tierarzt aufsuchen. Dazu zählt ebenso, wenn Dein Airedale Terrier Probleme dabei hat, zu Pinkeln oder Kot abzusetzen.

- **Stark nachlassende Ausdauer und Lethargie:** Gerade bei älteren Hunden glauben viele Halter, dass diese Symptome zum Altern dazu gehören. Dem ist auch so, doch tritt es sehr schnell und sehr stark auf, solltest Du aufmerksam werden.

- **Verhaltensänderungen:** Zieht sich Dein Airedale Terrier auf einmal von Dir zurück oder ist er besonders anhänglich, kann auch dies ein Symptom sein.

All diese Symptome können, müssen aber nicht bedeuten, dass Dein Airedale Terrier an Krebs erkrankt ist. Sie bei Deinem Tierarzt abklären zu lassen, wird aber auf keinen Fall schaden. Verfalle aber bitte nie in

Panik, denn die von mir aufgezählten Symptome können auch auf deutlich harmlosere Erkrankungen hindeuten.

# FIEBER

Die Fiebergrenzen beim Hund sind nicht so exakt wie bei uns Menschen. Bei einem gesunden Airedale Terrier kann die Optimaltemperatur beispielsweise zwischen 37,5 und 39° C liegen.

Damit Du weißt, wo die Normaltemperatur bei Deinem Hund liegt, empfehle ich Dir, ihm im gesunden Zustand mehrfach Fieber zu messen. Achte darauf, dass er sich im Ruhemodus befindet, denn Stress oder körperliche Bewegung können kurzfristig zu einer erhöhten Körpertemperatur führen.

Im Allgemeinen sprechen wir ab 39 bis 40°C von leichtem Fieber. Hier kannst Du noch recht ruhig bleiben. Es kann wie gesagt auch an Stress oder körperlicher Anstrengung liegen.

Steigt das Fieber auf mehr als 40°C an, kannst Du häufig schon mit bloßer Hand fühlen, dass Dein Hund wärmer ist als sonst. Jetzt fängt er an zu zeigen, dass er sich nicht wohl fühlt. Das kann sich durch Appetitlosigkeit und allgemeine Unlust oder Trägheit bemerkbar machen.

Steigt das Fieber auf mehr als 41°C, solltest Du Deinen Tierarzt kontaktieren. Bleibt das Fieber über längere Zeit auf diesem hohen Niveau, kann es für Deinen Airedale Terrier durchaus gefährlich werden.

Richtig gefährlich wird es ab Temperaturen jenseits der 42°C, denn bei dieser Temperatur fangen die körpereigenen Eiweiße an zu verklumpen – ein Prozess, der nicht rückgängig zu machen ist. Allerspätestens jetzt solltest Du umgehend Deinen Tierarzt oder sogar eine Tierklink aufsuchen.

Fieber an sich muss jedoch nicht unbedingt schlecht sein, da es dem Körper dabei hilft, Erreger zu vernichten. Außerdem zeigt es an, dass das Immunsystem Deines Hundes funktioniert. Fiebersenkende Medikamente sollten erst dann zum Einsatz kommen, wenn das Fieber besonders hoch ansteigt oder über einen längeren Zeitraum andauert. Verwende aber auch hier niemals Medikamente, die für den Menschen gedacht sind. Das kann fatale Folgen haben.

Doch wie misst Du bei Deinem Hund eigentlich Fieber?

Am einfachsten ist es mit einem handelsüblichen Fiebermesser. Ich persönlich habe für meine Hunde einen eigenen Fiebermesser gekauft, um nicht den gleichen wie für uns Menschen zu benutzen. Ich verwende zusätzlich auch noch Einmalhüllen, um die Reinigung anschließend deutlich zu reduzieren. Am besten sind übrigens Fiebermesser mit flexibler Spitze, die sind etwas angenehmer und Du verringerst damit gleichzeitig die Verletzungsgefahr.

Feuchte das Thermometer vorher etwas an und sorge dafür, dass es nicht zu kalt ist. Halte die Rute Deines Airedale Terriers gut am Ansatz fest und hebe sie etwas an. Führe das Thermometer vorsichtig ein und warte auf das Signal, bis Du es wieder entfernst und die Körpertemperatur abliest.

Übe dieses Prozedere am besten schon mit Deinem Welpen und lobe ihn ausgiebig fürs Stillhalten. Gehe hierbei ähnlich vor, wie bei den anderen Vorsorgeuntersuchungen.

Solltest Du kein Fieberthermometer zur Hand haben, kannst Du an folgenden Symptomen erkennen, dass Dein Hund Fieber hat:

- Dein Hund hechelt sehr stark, dabei ist es gar nicht so heiß.
- Die Ohrmuscheln Deines Hundes fühlen sich deutlich wärmer bis heiß an.

- Dir fällt auf, dass Dein Hund entweder deutlich mehr als üblich trinkt, obwohl es nicht heiß genug dafür ist oder er verweigert das Trinken komplett.
- Beim Streicheln fühlst Du, dass sich Dein Hund wärmer anfühlt als sonst – insbesondere an der Nase.
- Dein Hund macht allgemein einen abgeschlagenen und müden Eindruck, ohne dass Du ihn vorher körperlich verausgabt hast.

Treffen diese Symptome zu, kannst Du davon ausgehen, dass Dein Airedale Terrier Fieber hat. Beobachte ihn genau. Hast Du das Gefühl, dass es schlimmer wird oder dass es über einen langen Zeitraum anhält, solltest Du Deinen Tierarzt kontaktieren.

# IMPFUNGEN

Das Thema Impfungen ist beim Hund mindestens ebenso stark diskutiert und umstritten wie beim Menschen. Anders als beim Menschen herrscht in Deutschland für Tiere allerdings keine generelle Impfpflicht. Es ist somit jedem Halter selbst überlassen, ob er sein Tier impft oder nicht.

Natürlich möchte jeder Halter das Beste für seinen Hund, doch wie das erreicht wird, darüber scheiden sich die Geister. Eine Impfung bietet je nach Wirkstoff einen guten bis sehr guten Schutz gegen sowohl bakterielle als auch virale Krankheiten. Sie sorgen dabei nicht nur dafür, dass Dein Hund vor einer Ansteckung geschützt ist, sondern helfen sogar dabei, eine Krankheit ganz auszumerzen oder sie zurückzudrängen. Denn fehlt einem Erreger langfristig und großflächig der nötige Wirt, so minimiert sich seine Population automatisch.

In Deutschland gilt beispielsweise die Tollwut seit 2008 als ausgerottet. Das heißt, dass Du Deinen Airedale Terrier beispielsweise nicht gegen Tollwut impfen lassen musst. Willst Du allerdings mit Deinem Hund ins Ausland verreisen, wird die Impfung schnell Pflicht.

Auch ist es wichtig, dass Du eine gültige Tollwutimpfung vorweisen kannst, falls Dein Airedale Terrier ein anderes Tier oder gar einen Menschen gebissen hat. Andernfalls droht eventuell sogar die Einschläferung.

Die ständige Impfkommission Veterinärmedizin (StIKoVet) gibt für Hunde regelmäßig eine Impfempfehlung heraus und unterscheidet dabei nach Core- und Non-Core-Impfungen. Bei Core-Impfungen handelt es sich laut StIKoVet um unverzichtbare Kernimpfungen. Diese sind wichtig, weil die Krankheitsverläufe entweder sehr schwerwiegend sind oder kaum bis keine Behandlungsmöglichkeiten vorliegen.

Zu den Core-Impfungen gehören:

- Tollwut
- Staupe
- Hepatitis Contagiosa Canis
- Parvovirose
- Leptospirose

Zu den „verzichtbaren", den Non-Core-Impfungen, gehören folgende:

- Parainfluence (Zwingerhusten)
- Lyme-Borreliose

- Babesiose
- Leishmaniose
- Bordetella bronchiseptica

Die Non-Core-Impfungen sind ebenfalls für schwere Krankheitserreger gedacht, allerdings treten diese Krankheiten meist sehr regional auf und die Impfungen sind manchmal nur sehr kurzlebig.

Wenn Du Dich für den Impfschutz Deines Hundes entscheidest, ist es wichtig, dass er sowohl die Grundimmunisierung als auch die Wiederholungsimpfung erhält. Bei der Grundimmunisierung wird der Immunschutz gegen einen bestimmten Krankheitserreger im Körper Deines Hundes aufgebaut. Die Wiederholungsimpfung sorgt im Anschluss dafür, dass dieser Impfschutz lückenlos bestehen bleibt.

Geimpft werden dürfen allerdings nur Hunde, die gesund sind. Bereits erkrankte Hunde oder Hunde mit einem geschwächten Immunsystem dürfen nicht geimpft werden. Viele Experten raten ebenfalls davon ab, zu alte Hunde zu impfen. Eine komplette Voruntersuchung Deines Hundes vor einer Impfung sollte auch immer einen Bluttest beinhalten.

Die Grundimmunisierung Deines Welpens für die Core-Impfungen solltest Du schon vom 8. bis zum 15. Lebensmonat vornehmen. Wie genau der Ablauf und auch die Kosten sind, klärst Du am besten direkt mit Deinem Tierarzt. Auch die Termine für die Wiederholungsimpfungen solltet ihr frühzeitig besprechen und eventuell Erinnerungen durch den Tierarzt vereinbaren.

## KASTRATION

Viele Hundehalter erhoffen sich von einer Kastration gerade bei Rüden ein Allheilmittel gegen Verhaltensauffälligkeiten. Bei Hündinnen liegt meist der hygienische Aspekt der ausbleibenden Läufigkeit im Fokus der Motive. Tatsächlich boomt in Deutschland zurzeit das Geschäft mit Kastrationen und viele Tierarztpraxen preisen sie als Routineeingriff an, der zahlreiche Vorteile bringt. Es wird der Eindruck erweckt, dem Hund mit einer Kastration „etwas Gutes" zu tun.

Ob Du Deinen Hund kastrieren lässt oder nicht, liegt natürlich allein in Deinem Ermessen. Wichtig ist allerdings, dass Du Dich vorab ausgiebig mit der Thematik auseinandersetzt und Dich vorab damit beschäftigst, was Kastration eigentlich bedeutet, was die Vor- und Nachteile sind und wie der Eingriff letztendlich abläuft. Nur wenn Du all diese Informationen gesammelt hast, solltest Du eine Entscheidung zum Wohle Deines Hundes treffen.

Bei einer Kastration sprechen wir von einem tierärztlichen Eingriff, bei dem die Keimdrüsen des Hundes entfernt werden. Beim Rüden sind das die Hoden, bei Hündinnen werden die Eierstöcke, die

Eileiter, die Gebärmutter und auch der Muttermund entfernt. Die Kastration ist ein endgültiger Eingriff, der nicht wieder rückgängig gemacht werden kann. Der Eingriff wird unter Vollnarkose durchgeführt, was immer ein gewisses Risiko beinhaltet und er kann von Nebenwirkungen begleitet werden.

Da sowohl die Eierstöcke als auch die Hoden Hormone produzieren, die sowohl für die physische als auch psychische Entwicklung Deines Hundes dringend erforderlich sind, sollte die Kastration auf keinen Fall vor Abschluss der Pubertät durchgeführt werden. Außerdem haben die Sexualhormone einen nicht zu unterschätzenden Einfluss auf den Knochenbau, weswegen zu früh kastrierte Tiere häufiger an Gelenkproblemen und Hüftdysplasie leiden.

Die Pubertät beginnt beim Airedale Terrier meist mit 7 Monaten (bei Hündinnen oft auch früher) und kann bis zur Vollendung des zweiten oder sogar dritten Lebensjahres andauern. Entgegen einiger Meinungen endet sie nicht, wenn Dein Hund körperlich ausgewachsen ist. Sie dauert deutlich länger an. Die Dauer hängt dabei nicht nur von der Rasse, sondern auch von Umweltfaktoren ab und lässt sich dadurch nur schwer pauschalisieren. Große Hunderassen, zu denen auch Dein Airedale Terrier zählt, brauchen aber meist mehr Zeit, als kleinere Rassen. Hündinnen sollten auf keinen Fall vor der ersten Läufigkeit kastriert werden, da sie ansonsten ein Leben lang kindliches Verhalten an den Tag legen.

Fälschlicherweise vermuten viele Halter, dass sie mit einer Kastration Verhaltensprobleme beheben oder Krebserkrankungen vorbeugen können.

Was ich Dir versichern kann, ist, dass eine Kastration keinen positiven Einfluss auf Ungehorsam hat. Außerdem wird sie Dir nicht bei fehlender Leinenführigkeit helfen. Sie reduziert auch nicht Dominanz- oder Aggressionsverhalten (es sei denn, beides ist ausschließlich auf den Sexualtrieb zurückzuführen). Auch das territoriale Schutzverhalten wird von einer Kastration nicht im Geringesten beeinflusst.

Was viele Hundehalter ebenfalls nicht wissen: Auch das bereits im Gehirn Deines Hundes verankerte Sexualverhalten lässt sich nicht durch eine Kastration beheben. Ein Hund, der regelmäßig auf Kissen oder Artgenossen reitet, wird dies auch nach der Kastration weiterhin tun. In diesem Fall, wie auch bei den anderen

Problemverhalten, helfen ausschließlich Erziehungs- und Verhaltensmaßnahmen und intensives Training.

Was viele Halter ebenfalls nicht kennen, sind die zahlreichen unerwünschten Folgen, die eine Kastration häufig nach sich zieht:

- **Fettleibigkeit**: Etwa 50% aller kastrierten Hunde leiden an Übergewicht, was Folgeprobleme wie Gelenks- oder Herzerkrankungen verursacht.
- **Wesensveränderung**: Fehlende Hormone können zu starken Wesensveränderungen wie Lethargie oder allgemeinem Desinteresse führen.
- **Erhöhte Bissigkeit**: Insbesondere Hündinnen neigen dazu, eine deutlich erhöhte Aggressivität untereinander zu zeigen.
- **Kindliches Verhalten**: Gerade, wenn der Hund zu früh kastriert wurde, wird er meist nie richtig erwachsen und weist sein Leben lang kindliches Verhalten auf.

- **Fellveränderung**: Fast 30% aller Hündinnen weisen nach der Kastration ein stumpferes Fell auf.
- **Inkontinenz**: Circa 50% aller Hündinnen leiden an Inkontinenz, wenn sie kastriert wurden.
- **Ohrenentzündungen**. Etwa 30% aller kastrierten Hunde weisen deutlich häufiger Ohrenentzündungen auf, als ihre nicht kastrierten Artgenossen.
- **Mobbing**: Gerade bei Rüden wird häufig beobachtet, dass kastrierte Rüden von ihren intakten Artgenossen regelrecht gemobbt werden.

Allerdings gibt es tatsächlich auch positive Auswirkungen, die durch eine Kastration erzielt werden. So besteht ein zuverlässiger Schutz vor Schwangerschaften und Fortpflanzung. Hündinnen werden nicht mehr läufig, was vielen Haltern aus hygienischen Gründen zusagt und auch eine Scheinschwangerschaft mit all ihren Begleitproblemen erfolgt nicht mehr. Kastrierte Rüden leiden darüber hinaus nicht mehr unter hormonbedingtem Stress.

Das verminderte Krebsrisiko kann wissenschaftlich bisher nicht bestätigt werden. Gerade bei den vielgefürchteten Gesäugetumoren bei Hündinnen, bei dem das Risiko bei intakten Hunden schon nur bei 2% liegt, wird dieses nur verringert, wenn der Hund vor der ersten Läufigkeit kastriert wird.

Entscheidest Du Dich für eine Kastration, empfehle ich Dir, Dir mehrere Preisvorschläge einzuholen, da die Kosten von Tierarzt zu Tierarzt stark variieren. Bei einem Rüden sollte sich die Kosten des Eingriffs auf 150 bis 250 Euro belaufen. Da der Eingriff bei einer Hündin deutlich umfangreicher ist, liegen die Kosten hier ebenfalls höher. Hier kannst Du durchaus bis zu 450 Euro zahlen.

Wichtig ist, dass der Tierarzt Deinen Hund vor der Kastration ausgiebig untersucht, denn nur gesunde Tiere sollten operiert werden. Dazu gehört ebenfalls eine Untersuchung auf Parasitenbefall.

Ist es soweit, musst Du darauf achten, dass Du Deinen Hund mindestens 12 Stunden vor dem Eingriff nicht fütterst. Auch am Vorabend (wenn dieser mehr als 12 Stunden vor der OP liegt), solltest Du Deinen Airedale

Terrier nicht mehr füttern. Am Tag der OP darf er zusätzlich nichts mehr trinken.

Damit Du Dir vorab ein Bild davon machen kannst, was während der OP geschieht, beschreibe ich Dir hier zwei Beispielmethoden:

- Bei einem Rüden wird für die Kastration der Intimbereich rasiert, desinfiziert und steril abgedeckt. Der Tierarzt schiebt anschließend den Hoden vor den Hodensack und öffnet diesen mit einem Skalpell. Er legt den Hoden samt dem Samenstrang frei und bindet diesen ab. Jetzt trennt er den Hoden ab und nimmt ihn heraus. Anschließend gibt er den Samenstrang wieder frei und vernäht die Wunde.
- Bei einer Hündin wird die Bauchregion rasiert, desinfiziert und steril abgedeckt. Der Skalpellschnitt wird diesmal unterhalb des Bauchnabels angesetzt und über die Unterbauchlänge durchgezogen. Der Tierarzt entnimmt jetzt in den meisten Fällen die Eierstöcke, die Eileiter, die Gebärmutter und den Muttermund. Die inneren

Schnitte werden mit resorbierbaren Fäden vernäht und die äußere OP-wunde mit nicht resorbierenden Fäden.

Nach circa zehn Tagen musst Du in beiden Fällen erneut zum Tierarzt um die äußeren Fäden ziehen zu lassen. Die inneren Fäden lösen sich nach einer bestimmten Zeit von alleine auf.

Direkt im Anschluss an die OP wird Dein Hund noch circa eine bis zwei Stunden schlafen. Wenn er aufwacht, ist er noch sehr benommen und wird unter starken Schmerzen leiden. Daher ist es wichtig, dass Du ihm die Schmerzmittel nach ärztlicher Anweisung verabreichst und alle aufbrauchst. Hunde können uns oft nicht mitteilen, wenn sie unter Schmerzen leiden. Sie verhalten sich ruhig und bewegen sich nur wenig, die wenigsten Jaulen oder Fiepsen aktiv.

Ob Du Deinen Hund diesem Eingriff unterziehen möchtest oder nicht, liegt an Dir. Ich hoffe, dass ich Dir mit diesem Kapitel ein paar zusätzliche Informationen geben konnte, die Dich bei Deiner Entscheidungsfindung unterstützen.

# RASSENTYPISCHE ERKRANKUNGEN

Durch eine intensive Zucht weisen leider einige Airedale Terrier rassentypische Krankheiten auf. Ich rate Dir, auf jeden Fall mit Deinem Züchter vorab über diese Krankheiten zu sprechen und genau zu erfragen, inwieweit Tiere aus den bisherigen Würfen daran erkrankt sind.

Meist handelt es sich um folgende Krankheiten:

- **Hüftdysplasie**: Diese Fehlstellung des Hüftgelenks hat durch den Deutschen Schäferhund traurige Berühmtheit erlangt, wird mittlerweile aber auch beim Airedale Terrier immer öfters diagnostiziert Die Veranlagung, eine Hüftdysplasie auszubilden, liegt meist in den Genen, kann durch eine falsche Ernährung aber noch zusätzlich verstärkt werden. Junge Hunde sollten nicht zu früh mit dem Treppensteigen beginnen, nicht auf glatten Böden laufen oder zu oft zum Springen animiert werden.

- **Augenkrankheiten**: Der Graue Star oder auch Katarakt genannt, ist eine vererbbare Krankheit, die beim Airedale auftritt. Folgen können bis hin zur Erblindung gehen und über eine Behandlung muss im Einzelfall entschieden werden. Ebenfalls tritt bei dieser Rasse der progressive Netzhautschwund auf, der nicht heilbar ist.
- **Schilddrüsenunterfunktion**: Die Symptome sind zahlreich und diffus. Zu ihnen gehören Haarausfall, eine Neigung zu Entzündungen, ein erhöhtes Wärmebedürfnis und ein gesteigerter Appetit.
- **Ohrenentzündung:** Bei Hunden mit behaarten Hängeohren wie bei Deinem Airedale Terrier kann die Belüftung schon mal schwierig sein, was die Ausbildung einer Ohrenentzündung begünstigt. Achte daher wie in einem vorherigen Kapitel beschrieben auf die regelmäßige Ohrenpflege.

## CHECKLISTE: FÜR EIN GESUNDES HUNDE-LEBEN

- ☐ Ernähre ich meinen Airedale Terrier artgerecht?
- ☐ Hat er ein normales Gewicht?
- ☐ Hat mein Airedale Terrier immer Zugang zu frischem und sauberem Wasser?
- ☐ Lebt mein Airedale Terrier in einer sauberen Umgebung (Näpfe, Schlafplätze, Spielzeuge etc.)?
- ☐ Führe ich regelmäßige Untersuchungen durch und kenne ich seine Normaltemperatur? Halte ich gewissenhaft Termine (z.B. zur Impfung) ein?
- ☐ Kümmere ich mich zuverlässig um die Fellpflege meines Airedale Terriers und suche ich dabei insbesondere regelmäßig nach Zecken?
- ☐ Erhält mein Airedale Terrier genügend Bewegung? Ist er körperlich ausgelastet? Kann er genügend toben, rennen und

spielen? Biete ich ihm genügend Abwechslung auf unseren Spaziergängen?

- ☐ Laste ich dieses schlaue Tier auch geistig genügend aus? Zeigt er sich stets arbeitsfreudig und willig?

- ☐ Kann ich mit einem gutem Gewissen behaupten, dass mein Airedale Terrier bei mir wirklich glücklich ist oder hätte er es woanders gegebenenfalls besser?

## CHECKLISTE: HUNDE-ERSTE-HILFE-SET

- ☐ Mittel zur Wunddesinfektion bzw. -heilung (ich empfehle Jodsalbe oder Bepanthen – im Zweifel den Tierarzt fragen)
- ☐ Hundegerechtes Verbandsmaterial
- ☐ Pfotenschuhe
- ☐ Wasserfestes Pflaster
- ☐ Kompressen und Binden
- ☐ Fieberthermometer (mit Einweghüllen)
- ☐ Zeckenzange (oder ein ähnliches Werkzeug zur Entfernung von Zecken)
- ☐ Taschenlampe
- ☐ Evtl. Blutstillstift
- ☐ Maulschlinge
- ☐ Einmalhandschuhe
- ☐ Pinzette

## - Kapitel 5 -

# SONDERKAPITEL: HUNDEFUTTER SELBER KOCHEN

Mir persönlich bereitet es eine große Freude, meine Hunde von Zeit zu Zeit mit einem selbstgekochten Snack oder einem selbstgekochten Gericht zu verwöhnen.

Auf den nachfolgenden Seite stelle ich Dir daher meine 10 Lieblingsrezepte vor, mit denen ich meine Vierbeiner so richtig verwöhne und die bei ihnen auch wirklich gut ankommen. Darüber hinaus beinhalten sie alles, was Dein Airedale Terrier für ein gesundes Leben benötigt.

Ich wünsche Dir viel Spaß beim Nachkochen und -backen!

## REZEPT 1: APFEL-MÖHRCHEN-CRACKER

**Zutaten**:

- 1 Babygläschen Möhrenbrei (ca. 125g)
- 2 Babygläschen Apfelmus (ca. 125g)
- 200g Vollkorn-Früchtemüsli (ohne Zucker/Rosinen/Korinthen)
- 75g Vollkornmehl
- 25g Weizenkleie
- 50g Leinsamenschrot
- 2 EL Bierhefe
- 2 EL Bio-Honig

**Zubereitung:**

1. Koche die Leinsamen in etwas Wasser kurz auf, so dass ein klebriger Brei entsteht.
2. Mische alle Zutaten nacheinander unter. Beim Müsli macht es eventuell Sinn, es vorab mit dem Mus zu pürieren.
3. Fülle den Teig in Formen. Ich bevorzuge hier extra Backformen in Knochenformat. Du kannst aber auch kleine Bällchen formen und diese auf ein mit Backpapier ausgelegtes Backblech platzieren.

4. Backe die Cracker bei 120°C für circa 35-45 Minuten.
5. Lasse sie nach dem Backvorgang noch erkalten, bevor Du sie Deinem Hund servierst.

Mit diesem Rezept erhältst Du einen echten Vitaminknaller für Deinen Airedale Terrier. Mit nur 300kcal je 100g ist er außerdem recht gut verträglich.

## REZEPT 2: WILDES KARTOFFEL-PLÄTZCHEN

**Zutaten:**

- 200g Kartoffelmehl
- 100g gewolftes[3] Wild (alternativ kannst Du auch Rind, Pferd oder Geflügelherzen verwenden)
- 2 Eier
- 2 EL Rapsöl
- Ca. 50ml Wasser

**Zubereitung:**

1. Vermische alle Zutaten miteinander.
2. Rolle den Teig etwa fingerdick aus und steche die Plätzchen mit einer beliebigen Form aus.
3. Lege Sie auf ein mit Backpapier ausgelegtes Backblech.
4. Backe sie bei 160°C für circa 25 Minuten.
5. Lasse sie nach dem Backvorgang abkühlen, dann sind sie servierbereit.

---

[3] Zerkleinertes und durch eine Lochscheibe gedrücktes Fleisch.

## REZEPT 3: LUNGE MIT REIS

**Zutaten:**

- 250g Rinderlunge (am besten frisch vom Metzger)
- 125g Rundkornreis
- 1 Karotte
- 1 Banane
- 1 entkernter Apfel
- 1 EL Olivenöl

**Zubereitung:**

1. Schneide die Rinderlunge klein und koche sie zusammen mit dem Reis für ca. 20 Minuten in 250 ml Wasser.
2. Zerkleinere die Möhre, die Banane und den Apfel in einem Mixer und vermische das Ganze mit dem Olivenöl.
3. Vermische alles mit dem Reis und der Lunge.
4. Serviere alles, wenn das Essen ausreichend abgekühlt ist.

## REZEPT 4: HÄHNCHEN MT HIRSE UND EI

**Zutaten:**

- 200g Hähnchen- oder Putenbrust
- 1 gekochtes Ei
- 150g Hirse
- 1-5 Salatblätter
- Etwas Olivenöl
- 1 TL frische Petersilie

**Zubereitung:**

1. Koche die Hähnchenbrust in einem Topf mit Wasser auf höchster Stufe gar.
2. Schwitze währenddessen die Hirse mit etwas Olivenöl in einem mittleren Topf an, gebe anschließend etwas Wasser dazu und koche alles auf.
3. Stelle den Topf mit der Hirse auf die kleinste Stufe, gebe einen Deckel auf den Topf und lasse die Hirse für 12 Minuten köcheln. Lasse sie danach abtropfen.
4. Hacke das Ei, die Petersilie und die Salatblätter klein und gebe sie zusammen mit der abgetropften Hirse in eine Schüssel.

5. Schneide das fertig gegarte und abgekühlte Fleisch in mundgerechte Stücke und vermische es mit der Hirse und den anderen Zutaten.
6. Lasse das Gericht ausreichend abkühlen, bevor Du es servierst.

## REZEPT 5: REIS-HACKFLEISCH-KUCHEN

**Zutaten:**

- 150g Hackfleisch (Rind)
- 1 Ei
- 40g Karotte
- 40g Zucchini
- 50g Reis
- 1 Scheibe Vollkornbrot
- 1 Scheibe Toastbrot

**Zubereitung:**

1. Weiche das Toastbrot in Wasser ein.
2. Rasple die Karotte und die Zucchini.
3. Schneide das Vollkornbrot in kleine Würfel.
4. Drücke die überschüssige Flüssigkeit aus dem eingeweichten Toast.
5. Vermische alle Zutaten zu einer homogenen Masse.
6. Fülle die Masse in eine Backform.
7. Backe den Kuchen bei 200°C für 30 Minuten.
8. Lasse den Kuchen vor dem Verzehr ausreichend auskühlen.

# REZEPT 6: RINDERMIX

**Zutaten:**

- 100g Rinderschlund
- 40g Rindermilz
- 40g grüner Rinderpansen
- 60g Buchweizen
- 1 Karotte
- 1/2 Apfel (entkernt)
- 1EL Rapsöl

**Zubereitung:**

1. Schneide den Schlund in hundegerechte Stücke und dünste ihn bei niedriger Temperatur.
2. Schneide die Innereien (Milz und Pansen) ebenfalls klein, gare sie aber nicht.
3. Koche den Buchweizen nach Packungsanleitung.
4. Dünste die Karotte im Wasserbad und püriere sie anschließend.
5. Reibe den Apfel klein.
6. Vermenge alle Zutaten zusammen mit dem Öl und fertig ist der gesunde Rindermix.

# REZEPT 7: WILDE PUTE (BARF)

**Zutaten:**

- 2 Putenhälse (am besten direkt vom Metzger)
- 40g Putenleber
- 100g Gulasch von der Pute
- 40g Brokkoli
- 1 Karotte
- 1 EL getrockneter Salbei
- 1 EL Rapsöl

**Zubereitung:**

1. Portioniere das Fleisch und vermische es.
2. Dünste den Brokkoli leicht an (roh verursacht er Blähungen) und schneide ihn klein.
3. Reibe die Karotte klein.
4. Vermische Karotte und Brokkoli und püriere beides.
5. Hebe das Salbei und das Öl unter.
6. Vermische alles mit dem Fleisch.

## REZEPT 8: ITALIENISCHE PUTE

**Zutaten:**

- 300g Pute
- 60g Buchweizennudeln
- 1 Karotte
- 1 Tasse geriebene rote Beete
- 1 EL Leinschrot
- 1EL Rapsöl

**Zubereitung:**

1. Schneide die Pute grob klein und dünste sie schonend, bis sie gar ist.
2. Koche die Nudeln weich.
3. Reibe die Karotte klein.
4. Vermische alle Zutaten miteinander und lasse sie abkühlen, bevor Du das Essen servierst.

# REZEPT 9: HUNDEEIS MIT BANANE UND APFEL

**Zutaten:**

- 1 Banane
- 1 Apfel
- 1 Packung Hüttenkäse
- 1 EL laktosefreier Jogurt

**Zubereitung:**

1. Püriere die Banane und den Apfel (diesen vorher bitte entkernen – schälen musst Du ihn nicht).
2. Vermische das Püree mit dem Hüttenkäse und dem Jogurt.
3. Fülle die Masse in kleine Dosen um und friere sie ein.

Bei richtig warmen Temperaturen kannst Du Deinem Hund hiermit eine große Freude bereiten. Ich habe in dem Rezept die beiden Obstsorten genommen, die meine Hunde am liebsten essen, Du kannst sie aber beliebig austauschen. Das Eis stellt für Deinen Hund nur einen Snack dar und keine vollwertige Mahlzeit. Ich gebe es meinen Hunden immer nur draußen, um eine große Sauerei zu vermeiden.

## REZEPT 10: HUNDEEIS MIT LEBERWURST UND HAFERFLOCKEN

**Zutaten:**

- 1 Stück Leberwurst
- 20g Haferflocken
- 1 Packung Hüttenkäse
- 1 EL laktosefreier Jogurt

**Zubereitung:**

1. Vermische alle Zutaten miteinander.
2. Fülle die Masse in kleine Dosen um und friere diese ein.

## - Kapitel 6 -

# FAZIT

Es ist geschafft! Du hast Dir durch die vorangegangen Kapitel ein umfangreiches Wissen über die Ernährung und Pflege Deines Airedale Terriers angeeignet.

Dieses Wissen wird Dich nicht nur dabei unterstützen, die richtige Ernährung für Deinen Airedale Terrier zu finden, sondern auch in Krankheitssituationen einen ruhigen Kopf zu behalten. Außerdem weißt Du jetzt, worauf es bei der Körperpflege Deines Airedale Terriers ankommt und dass das Bürsten des Fells ab und an nicht ausreichen wird. Du kennst Dich aus in Bezug auf die regelmäßige Untersuchung der Augen, der Ohren, des Gebisses, der Pfoten, des Fells und der Haut.

Du weißt genau, worauf Du achten musst, um Krankheiten oder einen Parasitenbefall frühzeitig zu erkennen. Darüber hinaus hast Du gelernt, was bei Deinem Hund normal ist und was Du besser vom Tierarzt überprüfen lassen solltest. Du hast jetzt ein gut sortiertes Pflegesortiment für Deinen Airedale Terrier und ein eigens auf seine Bedürfnisse angepasstes Erste-Hilfe-Set.

Und auch in Sachen Ernährung bist Du gut aufgestellt. Du weißt jetzt, worauf Du bei Fertigfutter zu achten hast und kennst auch die Vor- und Nachteile alternativer Ernährungsmethoden wie selbstgekochtem Essen, BARFen oder Vegetarismus und Veganismus. Darüber hinaus kennst Du jetzt den Wasserbedarf Deines Hundes und kannst ihn mit einfachen Tricks zum Trinken animieren. Durch die Rezepte im Sonderkapitel kannst Du Deinem vierbeinigen Freund ab und zu eine besondere Freude bereiten. Mein absoluter Tipp ist dabei das Eis an richtig heißen Tagen – Dein Airedale Terrier wird Dir unglaublich dankbar sein!

Ich wünsche euch beiden von Herzen alles Gute und dass ihr gerade die Tipps in Bezug auf mögliche Krankheiten möglichst nie brauchen werdet! Und falls doch, bin ich mir sicher, dass Du sie jetzt früh genug erkennen wirst.

Alles Liebe

Deine Claudia

# BUCHEMPFEHLUNG FÜR DICH

**Hole Dir jetzt den ersten Teil und erfahre, wie Du Deinen Airedale Terrier Welpen trainierst!**

**AIREDALE TERRIER ERZIEHUNG – Hundeerziehung für Deinen Airedale Terrier Welpen**

Hundeerziehung wird häufig

»... mit dem klassischen Abrichten eines Hundes verwechselt

»... nur für anspruchsvolle Hunde als notwendig erachtet

»... von Hundehaltern belächelt

»... durch antiautoritäre Erziehung ersetzt

**Doch was macht Hundeerziehung wirklich aus und wofür ist sie überhaupt gut? Und wie können Dein Airedale Terrier und Du auch völlig ohne Erfahrung davon profitieren?**

Das Wichtigste ist erst einmal zu verstehen, wie ein Hund seine Umwelt wahrnimmt, was für ihn „normal" ist und wie Du das für Dich nutzen kannst. Darüber hinaus sind die Eigenheiten einer jeden Rasse entscheidend, wenn es um die spätere Erziehung geht. Dein Airedale Terrier weist beispielsweise andere Charaktereigenschaften als ein Chihuahua auf und genau diese sind in der Hundeerziehung schwerpunktmäßig zu berücksichtigen.

**Sei gespannt auf viele Hintergründe, Erfahrungsberichte, Schritt-für-Schritt-Anleitungen und Geheimtipps, die sich maßgeschneidert auf Deinen Airedale Terrier beziehen.**

**Hole Dir jetzt Teil 2 und erfahre, wie Du Deinen erwachsenen Airedale Terrier trainierst!**

## AIREDALE TERRIER TRAINING – Hundetraining für Deinen Airedale Terrier

Hundetraining wird häufig ...

» ... mit der klassischen Grunderziehung des Welpens verwechselt

» ... nur für besonders begabte Hunde in Betracht gezogen

» ... als zu schwierig angesehen, um es ohne Erfahrung zu schaffen

**Doch was macht Hundetraining wirklich aus und wofür ist es gut? Und wie können Dein Airedale Terrier und Du auch völlig ohne Erfahrung davon profitieren?**

Hast Du manchmal das Gefühl, dass Dein Hund zu viel überschüssige Energie hat und er von Dir, egal wie oft ihr Gassi geht, nicht richtig gefordert wird. Dann ist Hundetraining genau das Richtige für Dich. Die einfachen aber hoch effektiven Methoden des Körper- und Intelligenz-Trainings, die Du in diesem Ratgeber kennenlernst, werden Dir dabei helfen, Deinen Airedale Terrier artgerecht und noch wichtiger mit Spaß und Freude auszulasten.

***Sei gespannt und erfahre:***

» ... wie Du eine einzigartige Beziehung zu Deinem Airedale Terrier aufbaust und

» ... wie Du ihn nicht nur körperlich, sondern auch geistig und artgerecht auslastest.

**Hole Dir jetzt Teil 4 und erfahre, wie Du Deinen Familienalltag optimal auf das Zusammenleben mit einem Airedale Terrier abstimmst!**

**AIREDALE TERRIER UND KIND – Ratgeber zur Kind-Hund-Beziehung**

Hund-Beziehungen werden häufig ...

» ... planlos angegangen.

» ... durch Unwissen unnötig gefährlich.

» ... ohne gezieltes Hundetraining verfestigt.

**Doch was macht eine Kind-Hund-Beziehung wirklich aus und wie setzt Du die richtigen Weichen, damit es nicht zu Angst, Knurren oder Beißen kommt?**

Mit diesem Ratgeber wirst Du lernen, welche Vorbereitungen Du schon während der Schwangerschaft treffen kannst. Außerdem erfährst Du, in welcher Altersstufe Dein Kind bestimmte Aufgaben übernehmen kann und wie sich die Kind-Hund-Beziehung über die Jahre verändert. Zusätzlich erhältst Du nützliche Tipps und Ratschläge, um Deinen Familienalltag optimal auf das Zusammenleben mit einem Airedale Terrier abzustimmen und Gefahren frühzeitig zu vermeiden.

**Sichere Dir noch heute dieses Buch und erfahre...**

» ... wie Du Deine Familie am besten auf den Neuankömmling vorbereitest,

» ... wie Du Beißen, Knurren und Angst von Anfang an vermeidest

» ... und wie Du sowohl Dein Kind als auch Deinen Airedale Terrier füreinander begeisterst.

# HAT DIR MEIN BUCH GEFALLEN?

Du hast mein Buch gelesen und weißt jetzt, wie Du Deinen Airedale Terrier richtig pflegst und wie Du mit möglichen Erkrankungen umgehst. Und genau deshalb bitte ich Dich jetzt um einen kleinen Gefallen. Rezensionen sind bei Amazon ein wichtiger Bestandteil von jedem angebotenen Produkt. Es ist mit das Erste, worauf Kunden schauen und nicht selten geben die Rezensionen später den entscheidenden Ausschlag ein Produkt zu kaufen oder nicht. Gerade bei der endlos großen Auswahl von Amazon wird dieser Faktor immer wichtiger.

Wenn Dir mein Buch gefallen hat, wäre ich Dir mehr als dankbar, wenn Du mir eine Bewertung hinterlässt. Wie Du das machst? Klicke einfach auf meiner Amazon Produktseite auf folgenden Button:

**Dieses Produkt bewerten**

Sagen Sie Ihre Meinung zu diesem Artikel

Kundenrezension verfassen

Schreibe einfach kurz, was Dir ganz besonders gut gefallen hat oder wie ich das Buch vielleicht noch besser machen kann. Es dauert nicht länger als 2 Minuten, versprochen! Du kannst Dir sicher sein, dass ich persönlich jede Rezension lese, denn es hilft mir sehr stark dabei, meine Bücher noch besser zu machen und sie genau an eure Wünsche anzupassen.

Daher sage ich Dir:

**HERZLICHEN DANK!**

Deine Claudia

# QUELLENANGABEN


Winkler, Sabine: So lernt mein Hund: Der Schlüssel für die erfolgreiche Erziehung und Ausbildung. 3. Auflage. Stuttgart: Kosmos Verlag

Airedale Terrier, von Buckley, Holland 27.11.2019

I Like Airedale Terriers, von Bozzo, Linda 2017

Airedale Terrier, von McLennan, Bardi 2012

The Airedale terrier, von Jowett, Ferguson Marshall, 1866 1916

The Modern Airedale Terrier: With Instructions for Stripping the Airedale and Also Training the Airedale for Big Game Hunting. (A Vintage Dog Books Breed Classic), von Phillips, W. J 16.04.2013

The Airedale Terrier (A Vintage Dog Books Breed Classic), von Haynes, William 16.04.2013

The Airedale terrier standard simplified,

von Baker, William Edgar 1885-1921

Rütter, Martin; Buisman, Andrea: Hundetraining mit Martin Rütter. 2. Auflage. Stuttgart: Kosmos Verlag 2014

Fichtlmeier, Anton: Suchen und Apportieren: Denksport für Hunde. 1. Auflage. Stuttgart: Kosmos Verlag 2015

Schlegl-Kofler, Katharina: Apportieren: Das einzigartige Step-by-Step-Programm. 1. Auflage. München: Gräfe und Unzer Verlag 2018

Rütter, Martin; Buismann, Andrea: Hunde beschäftigen mit Martin Rütter: Spiele für jedes Mensch-Hund-Team. 1. Auflage. Stuttgart: Kosmos Verlag 2016

Theby, Viviane; Hares, Michaela: Das große Schnüffelbuch: Nasenspiele für Hunde (Das besondere Hundebuch). 2. Auflage. Nerdlen/Daun: Kynos Verlag 2011

Schmidt-Röger, Heike: Das grosse Praxishandbuch. 6. Auflage. München: Gräfe und Unzer Verlag 2013

Laukner, Anna: Hunde pflegen: Einfach – richtig – schön. 1. Auflage. Stuttgart: Eugen Ulmer Verlag 2009

Kohtz-Walkemeyer, Marianne: BARF für Hunde: Den besten Freund gesund ernähren. 1. Auflage. München Gräfer und Unzer Verlag 2014

Dr. Hartmann, Michael: Patient Hund: Krankheiten vorbeugen, erkennen, behandeln. 2. Auflage. Reutlingen: Oertel & Spörer Verlag 2015

Dr. med. vet. Bucksch, Martin: Gesunde Ernährung für Hunde: Fertigfutter oder selbstgemacht – gesundes Futter für jeden Hund. 1. Auflage. Stuttgart: Kosmos Verlag 2017

Zentek, Jürgen: Hunde richtig füttern. 3. Auflage. Stuttgart: Eugen Ulmer Verlag 2012

# IMPRESSUM



1. Auflage

 Herausgeber: GbR, Martin Seidel und Corinna Krupp, Bachstraße 37, 53498 Bad Breisig, Deutschland, Firmenemail: info@expertengruppeverlag.de, Coverfoto: www.depositphoto.com. Sämtliche hier dargestellten Inhalte dienen ausschließlich der neutralen Information. Sie stellen keinerlei Empfehlung oder Bewerbung der beschriebenen oder erwähnten Methoden dar. Dieses Buch erhebt weder einen Anspruch auf Vollständigkeit, noch kann die Aktualität und Richtigkeit der hier dargebotenen Informationen garantiert werden. Dieses Buch ersetzt keinesfalls die fachliche Beratung und Betreuung durch eine Hundeschule. Der Autor und die Herausgeber übernehmen keine Haftung für Unannehmlichkeiten oder Schäden, die sich aus der Anwendung der hier dargestellten Information ergeben.

Made in the USA
Monee, IL
18 October 2026

66036584R00121